自卑与超越

[奥] 阿尔弗雷德·阿德勒__著　王晋华__译

天津出版传媒集团
百花文艺出版社　天津人民出版社

图书在版编目（CIP）数据

自卑与超越 /（奥）阿尔弗雷德·阿德勒著；王晋华译 . -- 天津：百花文艺出版社，2018.8
ISBN 978-7-5306-7543-4

Ⅰ . ①自… Ⅱ . ①阿… ②王… Ⅲ . ①个性心理学 Ⅳ . ① B848

中国版本图书馆 CIP数据核字（2018）第 177949号

责任编辑：赵世鑫　　装帧设计：力珲

出版人：张纪欣
出版发行：百花文艺出版社
地址：天津市和平区西康路 35号　邮编：300051
电话传真：+86-22-23332651（发行部）
+86-22-23332656（总编室）
+86-22-23332478（邮购部）
主页：htpp://www.baihuawenyi.com
印刷：北京竹曦印务有限公司
开本：880 × 1230毫米　1/32
字数：200千字
印张：10
版次：2018年 8月第 1 版
印次：2018年 8月第 1 次印刷
定价：39.80元

如有印装质量问题，请与北京竹曦印务有限公司联系调换
地址：北京通州区潞城镇西堡村
电话：13601282426
邮编：101117

有时有人说性格是无法改变的，
这是因为他们还没有找到改变
性格的金钥匙。

前　言

阿德勒 (Alfred Adler) 出生于奥地利维也纳郊区的一个商人家庭。他的家境优渥，家人爱好广泛，但是他却认为自己的童年并不快乐。究其原因，是因为他的哥哥太优秀了，他实在无法超越。他哥哥活泼好动，惹人疼爱，而他却觉得自己又矮又丑，行动不便，因此感到很自卑。虽然如此，他却是个友善而又随和的孩子，同时，他又十分坚强。哥哥是母亲的骄傲，但是父亲却比较宠爱他。他的父亲时常鼓励他：“阿德勒，你不能害怕任何事情。”父亲的话深深影响了他，阿德勒凭借坚强的信念取得了伟大的成就。他的许多心理学观点都可以从其童年的记忆中找到蛛丝马迹，比方说，克服对死亡的恐惧等等。

阿德勒从小因患脊柱炎而身体孱弱、行动迟缓。在他三岁时，弟弟在他身边去世，他童年时又被车撞过两次，使他对死亡充满恐惧。他四岁才会走路，五岁时又得了严重的肺炎，痊愈后他决定当一名医生。上学时，他数学成绩极差。幸亏受到了父亲的不断鼓励，最后，他成了班上数学最好的学生，这一经历与他后来的从医之路及其独特的心理学思想息息相关。

中学毕业后，阿德勒如愿以偿，进入了维也纳医学院。他在那里系统学习了心理学和哲学知识，并受到了严格的医学训练。后来，他进入了维也纳大学，并于 1895 年获得了医药学位。两年后，他和来自俄国的留学生蒂诺菲佳娃娜（Raissa Tinofejewna）结了婚。他的妻子是个飞扬跋扈、特立独行的女性，阿德勒却相对保守。可见他们的生活一开始并不十分和谐，因此阿德勒在他的回忆录里提到男女平等这件事时，总会强调“说比做容易得多”。可以说，他对此是深有感触的。不过，最终两人还是白头偕老了。

阿德勒待人和善，不拘小节，和三教九流的人都能谈得来。因此，他朋友众多、见多识广。他曾经熟读弗洛伊德的《梦的解析》一书，认为它对于了解人性贡献巨大。他曾一度在维也纳一本著名的刊物上写文章为弗洛伊德的观点辩护，因此弗洛伊德写信给他，邀请他加入自己主持的讨论会。有人认为阿德勒是弗洛伊德的学生，其实不然，他们是平分秋色，并驾齐驱的。虽然他的观点和弗洛伊德不同，但是他仍然在1902年加入了精神分析协会。此后，他成为该协会的领导人之一，饱受弗洛伊德的赞誉。在弗洛伊德之后，他成为维也纳心理分析学会的主席，以及心理分析学刊的编辑。

1907年，阿德勒发表了有关由缺陷引起的自卑感及其补偿的论文，因此名声大噪。一方面，他认为由身体缺陷或其他原因所引起的自卑，不仅能摧毁一个人，还能使人自甘堕落或引发精神疾病；另一方面，它还能使人发愤图强，积极进取，以弥补自己的缺点。例如，古希腊的戴蒙斯·赛因斯（Demosthenes）曾患有口吃，经过数年苦练竟成了一位著名的演说家；

美国总统罗斯福的奋斗事迹更是家喻户晓。有时候，一方面的缺陷也会使人在另一方面得到长足的发展。例如，尼采身体瘦弱，于是他弃武从文，写下了不朽的权力哲学。诸如此类的例子，在历史上或文学上不胜枚举。

弗洛伊德早期主张发展失调会引发缺憾，而人体具有补偿的功能。受此影响，阿德勒提出了男性倾慕（masculine protest）的概念。他认为不论男女都有一种强烈的愿望，希望自己变得强大。

此后，阿德勒发现不管有无器官缺陷，儿童的自卑感是普遍存在的。因为他们身体弱小，必须依赖大人才能生活，其一举一动都要受大人的控制。当儿童利用自卑感作为借口逃避任务时，他们便会出现神经方面的问题。如果这种自卑感在日后的生活中得以延续，便会形成“自卑情结”。因此，自卑感并不是一种变态心理，而是个人在追求优越时的一种正常表现。

后来，在和弗洛伊德决裂之后，阿德勒便退出了心理分析学会，与他人共同创办了“个体心理学”协会。阿德勒此时摒弃了弗氏泛性论的观点，他认为这是对性的迷信。阿德勒以社会化的方式来解释男性倾慕。他并不否认潜意识动机的存在，但是他比弗洛伊德更重视自我调节的功能。他认为人类对未来的期待会促使他们做出各种行为。虽然这种目标是虚假的，却能使人类为之努力，而且乐此不疲。这种目标常常是潜意识的。阿德勒把这种虚假的目标称为“自我理想”，个人能借此获得优越感，并维护自尊。他也不否认梦的重要性，不过他却认为梦是个人解决问题的一种努力，而不是像弗洛伊德那样，凡事都用性冲动来解释。例如恋母情结，他就认为这是被宠坏的孩子对母亲的依赖而已。

在第一次世界大战期间，阿德勒曾在奥地利军队当过军医。此后，他曾在维也纳的教育机构从事儿童辅导工作。他发现自己的观点不仅适合于父母和子女的关系，还可以涵盖师生关系。他对教师影响深远，许多个体心理学家都是教师出身，并且将其观点用在了教育上。

1920 年左右，阿德勒已经声名远播，他周游各国，到处讲学。1926 年，他到达美国，受到了热烈欢迎。1927 年，他受聘为长岛医学院教授。同年，他出版了《自卑与超越》，全书共十二章。原书名为《生活对你的意义》(What Life Should Mean to You)。

1934 年，阿德勒决定定居美国。次年，他创办了国际个体心理学刊。1937 年，阿德勒受聘赴两个城市演讲。他由于过度劳累而心脏病突发，逝于苏格兰亚伯丁市的街道上。

阿德勒以“自卑情结”为中心思想，创立了“个体心理学”，并成为这个学派的创始人。他认为人类的行为都是出于自卑感以及对自卑的克服与超越。阿德勒一生著述颇丰，本书可以说是阿德勒最成熟的作品。在该书里，作者以轻松朴实的笔调，生动地描写了自卑的种种表现及其影响，以及应该如何克服它，并将其转变为对优越感的追求和实现目标的动力。

目　录

第一章	生活的意义	001
第二章	心灵与身体	027
第三章	自卑感与优越感	051
第四章	早期的记忆	075
第五章	梦	099
第六章	家庭的影响	129
第七章	学校的影响	165
第八章	青春期	193
第九章	犯罪及其预防	209
第十章	职业	253
第十一章	人与同伴	269
第十二章	爱情和婚姻	283

第一章　生活的意义

人生的意义

人类生活在具有意义的世界之中。我们并不是单纯地体验环境，而是以它们对人类的意义去评判，甚至最初经验的产生亦是如此。例如，“木头”的含义是“木头与人类的关系”，而“石头”也是“人类生活的要素之一”。如果有人排除事物的意义而只去关注周围环境，就会孤立自己，脱离同类，其一切所为于己于人皆无益处。总之，人的存在无法脱离生活的现实，自我封闭毫无意义。我们体验世界，必先赋予其意义，而不是仅体验现实本身。自然，这种意义总会带有些许缺憾甚至是荒谬。因为具有意义的世界里也充满了各种谬误。

如果你问一个人：“生命的意义到底是什么？”他可能不知如何回答。大多数人都不想对这类问题劳神费力或者设法回答。这个问题与人类的历史一样古老，直至今日，也有人时常提起，无论年长或年幼，还常常脱口而出：“人为什么活着？”“人生的意义是什么？”客观地说，只有在人们遇到挫折的时候才会问诸如此类的问题。如果人生平坦顺畅，没有遭遇艰难磨难的话，就不会产生这种想法。但是，这个问题及其答案无一例外地体现在人的行为中。如果我们听其言、观其行，便可知道他人对“人生意义”的解读，而且此意义与其立场、态度、举止、表达、癖好、志向、习惯以及性格特征的表现是一致的。也就是说，先对世界和个人暗中进行揣摩，然后贯穿于他的行为之中。“我是这般，宇宙是那般”就是思考得出的裁决，赋予自己和人生一种意义。

如上所述，对人生意义的解读或多或少都会包含谬误，但每个人就会有自己的理解。无人占据生命的绝对意义，因此只要是相对有效的任何解释，就不能称为是“绝对错误”的。其实正是在这两个极端之间，包含了全部的人生意义。然而，我们可以在这一范围中判定哪些较为正确，哪些次之；哪些是小错，哪些是大谬。从中可以发现，较好的解读中什么是大同小异的，那些差强人意的解读哪里是难掩其伪的。如果坚持这样的普遍标准，我们就能得到生命的科学意义，可以让我们更好地面对现实。同时，必须谨记这个“真理”是相对人类、相对我们的目的而言的。此外，再无真理，即便还有，也与我们无关。因为我们无法了解绝对真理，所以它也没有现实意义。

人生的三大问题

人生都要面对三大死结，所有的人必须重视起来。因为这三个纽带构成了现实的内容，人生所面临的问题都是通向这些纽带的死胡同。因此，人们不得不对此做出回应。从人们对这些问题的机械回答中，我们可以看出每个人对人生意义的解读。

第一个纽带：我们只能可怜巴巴地生活在地球的表面，别无选择。人类所处之地虽受到限制，但也拥有希望，我们必须在这些条件下求得生存。身体和头脑都要发展，这样我们才能生存下去，人类才能得以延续。这是我们都不得不面对的问题，任何人都无法逃避。不管我们采取何种行动，都是对人类生存状况的回应，我们可以从中知道哪些是必需的、适当的、可能的或所希望的。但是不管何种回答都必须考虑一个事实——我们是人类的一分子，同时，人类是共同生活在地球上的所有生命中的一部分。

鉴于人类身体的脆弱和环境的不确定性，为了自身和全人类的福祉，必须不遗余力地强化我们的回应，这些回答既要富有远见又相互关联。这就如同我们对一道数学题必须全力以赴、孜孜不倦地求出答案一样，既不能冒进也不能妄加猜测。这是从人类自身的弱点及其可能造成的潜在危机来考虑的。当然，我们的答案不会完美无缺，也不会一劳永逸，但是我们必须竭尽全力去接近它。我们的答案都必须考虑到人类正为地球所羁绊，人类必然与地球休戚与共。

接下来是第二个纽带：我们每个人都与他人相互关联，任何人都不是人类家族中的唯一成员。单独一人无法达到目标，这是由人类个体的弱点和局限所决定的。如果一个人独自生活，自己面对一切，就会走向灭亡。他不但不能维持自己的生活，也无法延续人类的生命。正是因为人类所共有的弱点、缺点和局限性，所以人总要与他人合作。因此，个人和整个人类的最大福祉就是团结协作。要想寻求人生的答案就不得不考虑这一问题，我们必须想到：我们和他人是相互联系的，如果单独生活，必将灭亡。想要生存并且让人类生生不息，我们就必须与他人共同奋斗，并让自己的感情和这个最大问题的目标相适应。

第三个纽带是：人类有男有女。同样，这是个人和社会得以维系必须考虑的问题。无论男女，人的一生中谁都无法绕开爱和婚姻这个问题。当面对它时，人们如何选择，就是对这个问题的诠释。遇到这个问题，人们企图解决这个问题的方法多种多样，他们的具体行动就是他们所认为的最佳方法。

这三种纽带又引申出三个问题：第一，怎样在地球自然环境的限制下求得生存；第二，在茫茫人海中，应该怎样给自己定位，以及相互协作，发展共赢；第三，如何进行自我调整，适应“两种性别”和人类的延续和发展依赖于两性关系的事实。

个体心理学发现人类的所有问题都可归于三类：职业、交际和两性问题。人们对这三个问题的不同回应精确地揭示了每个人对生活意义的理解。举个例子，假如一个人在生活中缺乏爱情，并且在工作中也表现不积极，还不喜欢交朋友，在他看来，人际交往令人痛苦。这造成他交往范围十分狭小，从他在生活中的范围和局限，我们可以推断出他感觉生活中充满艰难险阻，生命中成功的机会渺茫，失败会接踵而至。根据他为数不多的行动，可以推出这样的结论：“生活就意味着要让自己免受伤害，把自己封闭起来以保证自己平安无恙。”

再假设一个完全相反的例子：一个人爱情美满，交际广泛，人际关系顺畅，善于团结协作，而且事业有成。我们可以断定此类人视“活着”为一个创造的过程，于是他的生活中充满了各种机遇，因为在他眼中没有无法克服的困难。遇到问题时，他的勇气就成了审判之矛，对他来说："真正的人生是懂得关注他人，让自己成为社会大家庭中的一员，并为人类的福祉做出贡献。"

社会情感

由此可见，对人生意义的解读不论正确还是错误，都可从中找到一些共同点。神经病患者、精神病人、罪犯、酗酒者、问题少年、自杀者、堕落者、妓女等人之所以失败，是因为他们缺少友情并且对社会冷漠。在处理职业、社交和两性问题时，对合作缺乏信心，因而从不寻求他人的帮助。他们认为，人生的意义就是以自我为中心，其他人根本无法分享他们的成功。他们如果取得了所谓的成功或实现了某种理想，实际上也只是一种虚无的优越感，这种胜利，也只有对他们自己才有意义。

例如，手持一瓶毒药的谋杀犯坦言感觉自己有权有势，显而易见，他们这是在自欺欺人、孤芳自赏。对我们而言，一瓶毒药并不能让此人的价值得到提高。其实，自我意义是没有任何意义的。真正的意义是从与人交往中体现出来的，独属于一个人的意义没有任何意义。同样，我们的目的和行为也是如此，它们的意义是相对于别人而言的。每个人都为了成功而奋斗，但如果并不明白自己的成功是建立在为他人做贡献的基础之上，那么错误就难以避免。

再讲一个关于某小教派教主的轶事。有一天，教主将所有的信徒都召集起来，说下周三就是世界末日。信徒们都对此深信不疑，于是赶紧变卖家产，然后抛开了所有世俗杂念，在惴惴不安的心情中等待灾难降临。可是星期三悄然过去了，却没有发生任何异常。信徒们在星期四一大早便集合起来，找到教主，向她讨要一个说法。人们纷纷抱怨："看看你把我们愚弄到什么地步了！我们放弃了所有的生活保障，逢人便说周三是世界末日，我们从未在意别人的嘲笑，反复强调这个消息千真万确。如今星期三已经过去了，这个世界不还是依然如故吗？"但是，这个预言家却用个人的意义摆脱了责难，她辩解说："可是，我所说的星期三并不是你们想的星期三呀。"这个故事说明，个人意义经不起实践的检验。

所有真正"人生意义"的标志是具有普遍性的，即可以与他人共享，并且绝大多数人可以接受。生活中，对于问题，好的解决办法也适用于他人，可见成功之道具有普适性。大众口中的天才只有被人们认为有社会价值时，才会被冠以这样的称呼。由此可见，人生的意义即“对整体做出贡献”。在此，我们并非信口开河，而是看重其最后结果。每一个能成功面对困难的人，好像都明白人生的真谛在于珍爱他人，善于合作。他所做的每一件事都会被他人关注，即使遇到困难，也不会损害他人的利益。

如果我们说人生的意义在于贡献、关爱与合作，也许有人会对此产生疑问。因为对于大多数人来说，这是一个全新的理念。他们不禁会问：“如果一个人总是以他人利益为重，为他人做贡献，那么我们的损失会有多少？我们自己的事又该如何去做？难道不应该为了自己的发展而优先考虑自己的利益吗？至少一部分人有这样的权利。我们不应该先学会保护好自己或者增强自己的个性吗？”

这样的观点大错特错，此类问题也荒谬至极。如果一个人对人生意义感悟透彻、甘愿奉献、满腔热忱，并且向着自己的人生目标阔步前进，他必定最能体现出熠熠生辉的人生价值。同时，他还会为了实现目标而不断改变自我，形成一种社会使命感和责任感，并在实践中增强技能。目标一旦确立，他随后便立即进行实践。只有这样，他才会意识到只有去解决人生的三大问题，才会不断使自己得到提高。比如在爱和婚姻中，如果我们想让对方感受到幸福和快乐，就要竭尽全力做到最好，将全部注意力投入到对方身上。如果我们只是按照自己的个性去行动，不懂奉献，那么所得结果一定是：我们变得盛气凌人，让人生厌。

我们还可以从中悟出一点，即人生的真谛就在于奉献。如果我们仔细观察祖先遗留下来的东西，会发现什么呢？我们会发现，那些遗产都是他们对人类的贡献。除了我们所能目睹的有形资产——土地、道路和建筑，还有很多无形的资产，即哲学、科学、艺术等形式，以及留给我们的各种生活技能，这是他们生活经验互相交融的结晶。这所有的一切，都是他们为人类做出的贡献，我们将代代传承。

那么，那些拒绝与他人合作，对人生意义另有见解的人，那些总想着“生活能给我什么”的人呢？他们没有留下任何的蛛丝马迹。他们不但已经死去，就连人生价值也没有得到任何体现。对于不愿合作的人，地球好像早就给了他们终审判决：“你一无是处，你的憧憬、你的奋斗、你所崇尚的价值观，还有你的思想和灵魂都一无是处。没有人需要你，任何东西都不需要你。你不配活着，你的目标和奋斗没有前途。快滚吧，你不受欢迎，快去死吧，赶紧消失吧！”在现代文明中有许多不足之处，我们会找出许多欠缺，并继续改造它，但是必须以为人类谋取更多福利为前提。

千百年来，很多人都懂得这个道理。他们懂得人生的意义就是对人类做贡献，并开始关心和帮助他人。所有的宗教信仰都体现着一种普度众生的思想。世上所有的重大变革都为了增加社会的福祉，而宗教正是朝此方向努力的主要动力之一。但是，人们却常常误解宗教，因为人们认为它们除了做一些普通事之外，没做什么惊天动地的大事。个体心理学提倡科学的方法，也得到了与宗教相类似的结论。我认为，它比宗教领先一步。在增进人们的幸福，以及对社会的贡献方面，科学会起到更大的作用。这种作用是其他活动所不能及的，如政治活动、宗教活动等。我们入手的角度虽然不同，但是目的却一样：为他人谋取幸福。

我们对于人生意义的理解似乎已经定型：它不是我们的幸运神，就是一个催命鬼。所以，我们亟须了解人生意义形成的原因和其划分的依据，并及时纠正错误。这些属于心理学的研究范围，其与生理学、生物学的最大区别就是：用对人类福祉的贡献去衡量对意义的理解，以及它们如何影响人类行为和人类利益。

童年的重要性

从我们刚刚出生的那一刻起，就开始了对“生活的意义”的探索。就算是孩子，也想弄清自己的力量和自己在周围环境中的地位。在儿童发展的前五年，已经具备了一套固定的行为模式，即他们以怎样的方式和方法去对待周围的一切。此时，他们对于自己和社会发展模式已经有了持久的深层概念。此后，他们会用自己的独特视角来关注自我和整个世界。儿童还不知道何为社会经验，所以需要有人对他们加以解释，这样就逐渐赋予了他们生活的意义。

即使这个意义是严重错误的，即使他们所采用的处理方式还会带来接二连三的不幸和痛苦，他们也不会轻易改变。只有让他们重新思考，并对自己的认知加以修正，他们对于人生意义的理解才能得到改变。有时，犯错带来的严重后果会强迫他们改变自己对人生的认识。如果没有社会压力或者还不到走投无路的地步，他们就不会意识到其中的谬误，还会迷失在错误的意义之中。一般来说，要想让自己的人生沿着正确的轨道前进，就要接受专业的心理学人士的指导，他们可以帮助我们找到错误的根源并探寻到正确的人生意义。

人们对儿童时期的环境有多种解释的方法，不快乐的童年很可能被赋予反面意义。比如，有的人童年生活并不幸福，他就会千方百计地摆脱困境。因此，他成年后就会产生这样的想法："我一定要使自己的状况得到改善，不要让我的孩子生活在这样的环境中。"

而有的孩子则会想："上天真的好不公平，为什么总让别人享受美好的东西？既然上天对我这样残忍，我还有必要给予别人关爱吗？"

也许有的父母会这样告诉自己的孩子："我的童年就是从贫苦中过来的，可凭什么他们就一点苦都不能吃呢？"

第三种人则认为："因为童年时我吃了很多苦，所以我现在做什么都情有可原。"

从以上的事例中我们可以看出，他们对于人生的理解已经表现在他们的行为之中了，如果他们不改变自己的思想，其行为自然也不会改变。

每个人的经历并不能决定人生的成败，这就是个体心理学与决定论的不同之处。一个人的经历不能决定其一生的命运，但会对其命运造成影响。如果将某种特殊的经历作为人生发展的基础，那么我们很可能会误入歧途。环境因素并不能决定人生的意义，我们却可以通过解读人生境遇的意义来改变自己。

身体缺陷的影响

然而，成年人中的失败者，大部分都是因为在童年时期就未对人生的定义形成正确的认识，并一直受此影响。其中包括那些在婴幼儿时期患病或存有缺陷的孩子。这样的孩子经历了痛苦的童年，根本无法意识到：人生的意义就是对社会的贡献。除非让那些与他经历相似的人对他加以引导，使他们把注意力放在他人身上，否则他们一生都会以自我为中心。然而，他们常常因为周围人的嘲笑或挤兑而变得更加自卑。在这种环境下成长的孩子，会因为自己受到人们的侮辱而变得内向，并且认为自己不会对社会做出任何贡献。

身体器官的残缺或内分泌异常都会导致儿童在生活方面产生

困难，我觉得，我是第一个对此领域加以研究的人。虽然这一科学分支已经取得了不少成就，但它的发展方向却偏离了我的愿望。我一直在寻找克服这种困难的方法，而非将这种状况归于遗传或者身体原因。身体的缺陷并不能强迫人的心理朝错误的方向发展，而内分泌也不会对两个儿童产生同样的作用。我们常常看到这样一种现象：那些有困难的儿童在克服困难的同时，会将自己巨大的潜能激发出来。

正因如此，宣传优生优育并不是个体心理学家所倡导的。因为很多具有先天缺陷的人，常常成为某一时代的杰出人才，虽然他们有的一生与病魔相伴，有的英年早逝，但他们的贡献却是实实在在的。人类许多伟大的发明，正是由这些人所创造出来的。他们的坚强源自奋斗，他们对常人都无法完成的事业孜孜以求，获得成功也是理所当然的了。仅凭对人外部的观察，我们无从判断心灵发展的趋向。然而迄今为止，大部分具有先天缺陷或内分泌异常的儿童都未接受过正确的训练。正因为无人理解他们的痛苦，所以他们越来越以自我为中心。由此我们也就明白了那些先天具有缺陷的儿童大多成为失败者的原因——他们往往过于关注自己的缺失，而形成一种无形的压力。

溺爱

家长对孩子的过于宠爱也是导致孩子对人生意义曲解的一大因素。在那些孩子的心目中，他们的愿望就是法律，自己无须争取便可获得一切。他们甚至认为这种权力是与生俱来的。然而，一旦他们不再是众人注目的焦点，或者别人不再那样关注他，便不知所措，他觉得所有的人都对他有所亏欠。在生活中，他们已经习惯了只索取、不付出，他们根本不懂得如何面对生活中的问题。因为一直受到别人的关照，他们已经没有了自立能力，也从不知道自己能做什么。他们的脑海中除了自己别无他物，根本不懂得与人相处、互相合作的好处。当有困难出现，他们唯一想到的便是求助别人。他们认为，如果他能重新成为众人的焦点，如果人们再次承认他出类拔萃，那么自己就会让人刮目相看。

过于受宠的孩子在长大后，很可能会成为危险人群。其中一些人曲意奉承，表面装出“媚世”的姿态，私下却谋取专制私权。如果让他们像普通人一样合作完成某件事，他们一定不会服从，甚至会公然反抗。如果他们不再得到别人的关心和呵护，就会认为有人在背后使坏。他们以为别人都与之为敌，所以只要有机会便会打击报复。如果人们对他的行事方法无法接受，他就会认为这是对他的欺凌，所以惩罚不会对他们起到任何作用。他们只会这样想：所有的人都在和我作对。

这样的孩子无论是阳奉阴违，还是公然反抗别人，不管是独断专行还是恶意报复，都表明了他们对人生的理解是错误的。有些人会在不同的时期采用不同的方法，但是他们的思想永远不会有所改观："人生的意义就是使自己至高无上，受人仰慕，并且可以为所欲为。"如果他们一直持这样的人生态度，他们的方法永远不会正确。

冷落

受人冷落的儿童是第三种"问题儿童"。他们的人生同样容易偏离正轨。这些孩子根本不知道关心和互助的概念，因为他们的脑海中从来没有过这些友好的因素。我们可以想象出，当他们在生活中遇到不悦，总会高估困难的程度，而低估自己解决问题的能力，并且也不愿求助他人。当他看到社会冷漠的一面，就会认定社会一贯如此。他们不会想到，对他人只要尽一点绵薄之力就可以赢得他人的尊敬和喜爱。他们怀疑别人，同时也无法相信自己。

实际上，任何经验都无法与依赖感相提并论。母亲最初的任务就是让孩子一出生就感受到对自己的依赖。继而，她可以帮助孩子将这种感觉的范围扩大，直至周围的所有环境。如果母亲没有完成这一任务，即没有让孩子对周围环境产生兴趣，并形成合作与互助的愿望，那么孩子就很难对社会形成关注，以及同志般的友谊。合作的潜力人人都有，但这却是经过培养才得以体现的，否则根本无法展现出来。

如果对一个受人忽视、不受欢迎、没人理睬的孩子观察一番，我们可能发现，他们对于合作视而不见，就像与世隔绝了一样，无法与人沟通，对互助互爱更是一窍不通。之前我们已经提到，这样的人会被社会所淘汰。事实告诉我们，如果一个孩子在婴儿期是平安度过的，那么他就很好地受到了关心和照顾。所以，对于完全被忽视的孩子我们暂且不管，接下来让我们说说那些常常被人忽视的孩子和那些在某些方面被忽视的孩子。总之，事实证明，被人忽视的孩子缺乏对人的依赖感。我们感到很悲痛，在这个社会中，失败的人常常不是孤儿就是私生子，所以对这些儿童必须区别对待。

从以上我们得知，身体残缺、过于溺爱和被人忽视的孩子是很容易被误导的，他们常常会形成错误的人生观。这些孩子极需要他人的帮助，以便找到处理问题的正确方法。他们需要在别人的帮助下找到人生的意义。如果我们做出努力，并且给予他们关爱，就会在他们所做的每件事中看出他们对人生意义的理解。

梦与早期记忆

通过研究证明，做梦和联想是很有用处的，因为人在睡梦中和在清醒时的性格是一样的，只是在梦中人的压力较小，人的性格会毫不隐瞒地表现出来。但是如果我们想了解自己对于人生意义的认识，记忆是不可或缺的。不管我们的记忆多么零碎，都是极其重要的。它之所以重要，是因为我们的头脑中刻画着人生的片段，时刻提醒着人们“这就是你所希望的”或者“别这样做”又或“这就是你的人生”。留在脑海中的记忆会凝结成我们生活中的一种经验，它可以让我们找到人生的意义所在。所以，每一段记忆都是弥足珍贵的。

儿童早期的记忆对于我们了解他们的生活方式和生活态度有着极为重要的作用。其原因有两点：第一，这是他们对自己和周围环境的最初印象，这是他们第一次将自己的外部特征、自我形象、自我评价以及别人对他的要求综合起来进行审视。第二，这是他们主观印象的开始，也是他们人生记录的开始。所以在他们早期的记忆中，我们会发现他们对自己地位的认知：是弱势的或不安全的，还是理想中的强势的、安全的，以及它们之间的区别。他最初的记忆是不是他记忆中的第一件事，或者他记忆中的事是否真的发生过，心理学家认为这并不重要。重要的是，他们的记忆对于现在和未来生活的影响有多大。

接下来我想针对早期记忆的问题举例说明，看它们对以后人生意义的定位有何影响。如果一个女孩在提到最初记忆的时候，脸上带有无奈和悲哀的表情这样说道：“咖啡壶从桌子上掉下来，把我烫伤了。”倘若日后，她总是对各种危险和困难夸大其词，或者抱怨世态炎凉，你大可不必对此大惊小怪。因为有些人往往就是那么粗心，把一个小孩子置于危险中，自己却浑然不知。

还有一个与之相似的例子。一个人这样说道："我在三岁的时候，曾从婴儿车上掉了下来。"后来他就常常做这样的一个梦："世界末日就要来了，我在半夜醒来的时候，看到天空是一片火红的颜色。星星们纷纷落下，地球撞到了另一个星球上。就在将要毁灭的时候，我被惊醒了。"他是我的一位患者。现在还是个学生，当他被问到害怕什么的时候，他会说："我怕这辈子什么都干不成。"显然，早期的记忆和噩梦的出现，令他对生活越来越失望，他十分害怕失败和灾难再次发生。

有一个十二岁的小男孩患有尿床症，并且他还经常和妈妈吵架，所以当年他被带到了我的诊所。他儿时的记忆中有这样一段经历：有一次，他躲进了衣橱中，然而妈妈却以为他走丢了，非常担心，于是她跑到大街上焦急地去寻找，拼命地呼喊。这样，在他的记忆中就留有了这样一种印象：要想引起别人的注意就要制造一些麻烦。在遭到别人忽视的时候，我可以通过欺骗他人的方式而得到重视。尿床症使他成为众人关心和注意的对象，而且母亲的焦虑和担心更使他对自己观点的深信不疑。

在这个例子中我们可以看出：在男孩的心里，外面是一个充满危险的世界，只有让别人担心他才会拥有安全感。他一直认为这是最可靠的方法，在需要的时候，只要使用这种办法便屡试不爽。

在一个三十五岁女人的早期记忆中，有这样的一件事："在我三岁时有一次去地下室，楼道中一片漆黑，我独自走在楼梯上，比我大一点儿的表兄打开了我身后的门，朝我走来，我当时害怕极了。"从这段记忆中我们可以看出她不喜欢和其他孩子在一起玩，尤其是不喜欢和异性相处。我猜她应该是独生女，事实也的确如此，并且，当时她还是单身。

在下面的这个例子中，我们可以体会到一种社会情感的发展脉络："在我小时候，妈妈让我推着妹妹的婴儿车。"从中我们可以看出：她和比自己弱小的人在一起才会感觉放松，并且对母亲有一种依赖感。一个家庭的最佳教育方式，就是让年龄稍大的孩子照看自己的弟弟妹妹，这样既可以培养他们的合作精神，又会让他对家庭中的新成员产生兴趣，还能让他们为家庭承担了一部分责任。如果这成为一种自愿行为，他们就不会认为新生婴儿的出现导致父母忽视了自己，也不会对弟弟妹妹产生憎恨。

喜欢与人相处，并不能代表真正对他人感兴趣。一个女孩对于早期记忆的回答是："我和姐姐经常跟另外两个女孩在一起玩。"由此，我们可以看出她是一个很合群的女孩子。但是她说到自己的恐惧时，我们又有了新的认识，她说道："我不喜欢一个人待着。"她是一个缺乏独立性的女孩。我们能够看出，她与人相处并不是因为兴趣，而是让自己不再孤单。

当我们真正了解了人生的意义，就找到了人性格的钥匙。有时有人说性格是无法改变的，这是因为他们还没有找到改变性格的金钥匙。正如我们所见，如果找不到错误的根源，任何治疗方法都不会有效，而唯一可能的有效方法就是培养他们的勇气和乐于合作的精神。

合作

防止神经性疾病产生的唯一方法就是培养合作精神。所以，让孩子学会与人合作，并让孩子在日常生活或游戏中，学会自己处理与同伴的关系是极其重要的。阻碍任何一种合作方式，都会产生不良的后果。比如，在家中惯于受宠的孩子总是有些自私，他们同样会将这种自私的性格带入学校。若想让他对学习产生兴趣，唯一办法是让他在心里感到自己会受到老师的称赞。他只喜欢自己感兴趣的课程。随着年龄的增长，他们这种缺乏合作精神所导致的不良后果会越来越明显。在他初次产生了对人生意义的误解时，便不会发展出自己的责任感和独立性。也就是在这时，他已经无法面对人生的挫折和困难了。

我们不能指责某个成年人在童年时犯的错，正如我们不能让一个只会作壁上观的人去灵活应对合作问题，不能让一个对地理一窍不通的人去参加地理测试，并取得好成绩一样。当他们犯下了错误，我们要帮助他们纠正。要想解决人生中的各种问题，就必须要有合作精神。在人类发展的前提下，做任何事都需要为社会谋求福利。只有一个人明白了人生的意义在于奉献，才会勇敢地去面对困难，才会有更大的机会取得成功。

如果孩子在对人生意义的认识上所犯的错误被家长、老师和心理学家所理解，只要他们不再重复同样的错误，我们就有信心说，那些社会情感欠缺的孩子们最后总会认识到自身的能力和人生的机遇。他们在困难面前会反复尝试；他们不会逃避、推脱责任或者寻找不合常规的捷径；他们不会要求给予特殊的照顾或同情；他们也不会感觉丢人现眼或想去报复他人，更不会这样问自己，“人生没有任何意义，我又能得到什么？”他们定会认为：“我们必须有自己的人生。这是我们的事情，做起来得心应手。我们独立自主、自强不息，有什么推陈出新的任务，我们当仁不让。”如果每个独立的个体抱有这种思想，又有合作精神，那么人类文明的发展将会永不停息。

第二章　心灵与身体

心灵与肉体的辩证关系

对于精神支配身体还是身体支配精神的问题，人们一直各执己见。许多哲学家也参与其中，他们将这看成是唯心论还是唯物论的区别。哲学家们为自己的观点摆出了上千条理由，但最后仍然争论不休、悬而未决。在这一问题上个体心理学也许可以提供一些帮助，因为在个体心理学看来，我们关注的是身体和精神的相互作用。对于病人，我们要从精神和身体两方面双管齐下，可是如果我们从错误的理论入手，我们对此就会无能为力。所以，我们的理论一定要有经验做后盾，并且是能够经受住考验的经验。可是，我们身心无法分离，各种相互作用又纷繁复杂，所以要到正确的切入点非常艰难。

个体心理学使这一问题变得简单，因为这不再是一个非此即彼的问题。精神和身体只不过是人生中的两种表现形式，它们都是生命的一部分。我们只能从整体去了解这两者的关系。人的一生离不开活动，但并不仅仅是身体上的锻炼。种子在泥土中扎根后，就被固定在一个特定的位置，不能随便移动。所以，当我们发现原来植物同样具有某种精神时，定会大吃一惊。即使植物可以预知未来，这也对它没有任何用处。比如，某株植物已经预料到：“一会儿将有人走过来，踩到我的身体，我将死在他的脚下。”这是没有任何用处的，因为即使预料到后果，也无法改变它。

但是，所有可以活动的生物都可以预测并做出反应。这就说明了我们人是有思想的。

“当然，你想好了，要不你不会这么做的。”（《哈姆雷特》第三幕第四场）

精神的核心能力是可以预测事物发展的方向。只要我们能够认识到这个问题，就能够明白精神支配着身体——它为活动设定了目标。首先要有一个固定的目标，随机来回地运动是没有意义的。因为精神支配着运动，所以精神是主导因素。然而，身体同样会反过来影响精神，因为运动的完成者是身体。只有身体条件允许，精神才可以支配它。比如，我们很想去月球，但是必须借助高科技的帮助才可以完成，否则只是空想。

人类的活动范围比其他动物要大得多，这里指的不仅仅是活动的方式（这一点从人手的复杂动作中就可看出），他们还能改变周围的环境。所以，我们可以预见，人类大脑的预见能力最为发达，人类奋斗的目的性也会越来越强，以改善他们在整个环境中的处境。

此外，在为了具体目标而做出局部动作的背后，我们还发现，每个人的心中都有一套独立完整的动作。如果我们所做的一切都是为了寻求一种安全感，即克服所有困难并将自己从中解脱出来的感觉。为了这个目标，所有的动作和精神都必须协调一致。这跟我们为了最后的成功，精神迸发、全力以赴地努力是一个道理。

身体也一样，它也要成为一个整体。身体在形成之初就开始向理想的状态发育了。比如，如果皮肤干裂，整个身体都会努力让其复原。不过，这不是身体的独自努力，精神也发挥着重要作用。运动和卫生之类的知识已经证明，在精神的帮助下皮肤会恢复得更快。

人的生命自始至终，精神和身体的合作就在不断地进行着，他们就像一个整体，不可分割。精神就像发动机一样，可以将人体的潜能全部激发出来，使身体变得强壮。我们的思想可以通过身体的动作、表情和症状表现出来。人只要有动作，这个动作就是有意义的。人们的眼睛、舌头和脸部有了动作，使我们表现出各种表情，这正是心灵赋予我们的某种意义。我们开始了解到心理学或精神科学研究的到底是哪些问题。心理学的目的就是找出一个人所展示出来的各种动作所代表的意义，并探寻其最终目的，然后将这一目的同他人的目的相比较。

为了实现安全的目标，大脑必须要处理各种问题，以使目标更具体，它需要反复衡量哪里最安全，以及走哪条路会更加顺利。当然，这一过程中的错误也不可避免。一旦目标变得不确定或者根本没有目标，它就不会发出指令。如果我动动自己的双手，头脑中必定会预设其目的。事实上，如果头脑的选择错了，后果有时是灾难性的。如果真的这样做了，那就证明我们认为这是最有利的选择。心理上的失误会导致行动上的错误。人人都在寻找安全的目标，可是有些人在方向的判断上出了错，具体的行动便会跟着犯错。

当我们看到一个行为或征兆时，如果无法判断其意义，最好的办法就是统揽全局，勾勒出其行动的整体轮廓。就拿偷盗来说，偷盗者会将别人的财物据为己有。现在我们来分析一下这一行为的目的：盗贼想拥有更多的财富，越多越有安全感。所以，这一行为就是由贫穷或缺失引起的。接下来我们就要对这个人的处境以及他的想法进行分析了。最后，我们要观察他是用正确的方法去改善生活，克服其缺失感，还是把错误的方法看成是正确的了。对于他的最终目的我们无须指责，可是我们必须指出，为了达到目的，他走上了错误的道路。

人类造成环境的变化我们称之为文化。文化是由人类的精神指挥人体的行为完成的。人类的行为由精神所激发，身体的变化由头脑所引导和协助。推到最后，人类的行为无一例外包含某种精神目标。当然，也不应该过分强调精神的作用。如果我们想要克服困难，身体是基础。头脑参与其中以便全身而退——防止疾病、受伤、意外或者器官功能的丧失而导致的死亡。这种目标是我们感知苦乐、展开想象，以及衡量处境的能力所决定的。感觉让身体做出应变，并处理具体问题。想象和分析是预测的方法，但它们的作用不止于此，它们还能激发情绪，让身体做出反应。因此，一个人的情感包含着他对人生意义的理解，也融合了他的奋斗目标。在很大程度上，精神管控身体，但它却不依赖身体，它依靠的是个人目标和生活方式。

很明显，左右着一个人的不仅仅是生活方式，如果没有其他方面的协助，态度便不能导致行为，因为行动还需要情感的累积。个体心理学的新观点是情感与生活方式是高度一致的。一旦树立目标，情感便会千方百计地为之努力。我们并不是在生理学领域或者生物学方面探讨这个问题，所以我们不能用化学理论或者化学分析的方法来预测情绪的唤醒。在个体心理学方面，我们以生理为基础，但是我们认为心理目标更为重要。但是，我们对焦虑所引发的交感和副交感神经的影响并不关心。我们关注的是焦虑引发的后果。

有人认为，焦虑是压抑性欲和难产引起的后遗症。据以上观点可知，这样的说法简直荒唐至极。我们知道，那些习惯于被母亲呵护和陪伴的孩子，他们的任何焦虑都会引起母亲的注意，这就成了他们控制自己母亲的方式。由我们的经验可知，它也可以有效地控制别人或者某种局势。

有人认为身体或精神的特征都是来自遗传。这就提示我们，必须关注遗传在追求目标中所起的作用。这好像是心理学唯一的研究对象。从任何人身上我们都会发现，感知是朝着某个方向发展的，并且对人类的目的起着举足轻重的作用。不管是快乐的、悲伤的、勇敢的还是萎缩的，情感与人生态度总是相辅相成的。它们的表现方式也与我们的预料相差无几。

在经历了痛苦之后才成功的人，不会因为一点成就就沾沾自喜。如果我们多加注意，就会发现情感也对我们唯命是从。那些患有广场焦虑症的人，独自一人在家或者派遣别人做事时，焦虑就会消失。神经功能症患者当感觉到无人差遣的时候，就会排斥一切。

情绪也和人生态度一样固定不变。比如，胆小的人总是畏首畏尾，虽然他们在弱小者面前趾高气扬，或者在受保护时显得镇定自若，但其内心的恐惧并不会消失。他的房间里可能会有三层防盗锁，院里有好几条警犬和好几个报警器，却吹嘘自己胆识过人。原本并没有人怀疑他的话，但是谨慎的行为出卖了他。

性欲与恋爱也与此相似。如果一个人心里有了性对象，当他接近对方时，就会产生性的感觉。他集中精力，排除干扰，把其他事物置之脑后，他的情绪和性器官都会产生相应的感觉。但是当这些感觉消失或者出现异常时，他就会出现阳痿、早泄、性冷淡甚至变态等症状。这些反常行为都是不当的优越感和生活方式造成的。在这种情况下，他不想放弃错误的目标和扭曲的生活方式，因为缺乏足够的勇气和乐观的情绪。

我的一个病人在家中排行老二，因为无法摆脱内疚而痛苦万分。他的父亲和哥哥都十分重视诚实。在他七岁时，有一次他告诉老师作业是他自己完成的。这孩子把内疚感隐藏了三年之久。最终，他跑到老师那里坦白了自己无耻的谎言，但老师只是置之一笑。接着他又跑到父亲那里第二次承认错误。这次他更成功了，父亲不但原谅了他，而且赞扬他，安慰他，并以他的可爱与诚实为荣。尽管父亲原谅了他，这个孩子仍然觉得十分沮丧。我们只能得出这样的结论：这个孩子以这样琐碎的小事强烈地责备自己，是为了证明自己诚实正直。在学业和吸引力方面，他自觉不如哥哥，所以必须用其他方式来获得优越感。他家庭中高尚的道德风气，使他在诚实方面超越别人。

之后，他总是因自我责备而痛苦不已。他手淫上瘾，在学习中又免不了作弊。每当考试来临，他的内疚感就不断加强。由于他良心太过敏感，因此思想负担比哥哥重很多。当他无法做到与哥哥并驾齐驱的时候，他又为自己寻找借口。大学毕业后，他打算找份技术工作，但是内疚感变得十分严重，迫使他每天向上帝祈求原谅，结果他根本没时间来工作。后来，他的病情严重到不得不被送到精神病院。在那里，他被认为是无可救药了。可是，一段时间后，他的病情却大为好转，并离开了病院。在离开之前，院方一再要求：万一旧病复发，必须回来住院。此后，他改行攻读艺术史。有一次，考试前夕的一个星期天，他跑到教堂，跪倒在大众面前，大声疾呼："我是全世界最大的罪人！"就这样，他又成功地把人们的注意力转移到了自己敏感的良心上。

在收容所又度过一段时间后，他回到了家里。有一天，他竟赤身裸体地去餐厅吃午饭！他是个身体健美的人，在这一点上，他是可以与任何男人相媲美的。

内疚感使他处处要比其他人更诚实，而他也不遗余力地要获取优越感。然而，个人的努力却使他走上了旁门左道。他对考试和工作的逃避，给他贴上了懦弱无能的标签。各种病症都使他对可能导致失败的活动敬而远之，唯恐避之不及。显然，在教堂中卧拜忏悔，以及赤身裸体冲进餐厅，也同样是他想用拙劣的方法来获得优越感。他的一贯作风使他做出这些行为，而他引发的感情却是完全合宜的。

正如前边所述，人在四五岁之前就已经构筑了精神的整体，并在心灵和肉体间建立起了联系。在这一时期，他有着遗传而来的素质和对周围环境的印象，并把这些东西整合在个人的追求之中。在六岁之前，他的人格已经成型。人生的意义、追求的目标、处事的态度、脾气秉性也已形成。这些在日后也许会有变化，前提是他先要摒弃幼年形成的错误思维。人的行为与其认知相辅相成，如果他改变了自己的想法，他的习惯行为就必须与新的认知模式保持一致。

每个人对周围环境的印象，都是通过感觉器官获得的。所以，我们可以从一个人锻炼身体的方式中，看到他想从环境中获取怎样的印象，以及想达到何种目的。我们可以通过察言观色来了解他，这就是为什么姿势如此重要的原因。它们表现出了器官的灵活程度和大脑的思想状态。因为，姿势总是以意义为基础的。

现在我们可以在我们的心理学定义上再添加一点东西。心理学研究的是：个人对自身印象的态度。我们还可以看出人类心灵之间的巨大差异是如何造成的。身体如果不能适应环境，并且无法做出应变，通常就会被当作是一种负担。因此，身体器官有缺陷的儿童在心灵的发展上会比其他人遭遇更多的阻碍。他们的心灵也较难影响、指使并命令他们的肉体追求优越。他们需要用较多的心力，并且必须比别人更集中精神，才能获得相同的目标。所以，精神会变得负荷过重，因而他们会变得以自我为中心。如果儿童总是受着器官缺陷和行动困难的困扰，他们便没有多余的注意力可供留心外界之用。他根本找不到闲情逸致去关爱别人，结果他的社会情感和合作能力的发展不如他人顺利。

器官的缺失造成了许多障碍，但是这些障碍却绝不是无法摆脱的命运。如设法主动地用精神去克服困难，那么这个人可能会跟没有负担的人一样成功。事实上，器官有缺陷的儿童，尽管受到许多困扰，他们却经常比身体正常的人能取得更大的成就。身体障碍是一种能使人前进的动力。例如，视力不良的儿童可能会因其缺陷而感到压力巨大。因为，他要花费较多的精力才能看清东西。

他对视觉的世界必须给予较多的注意力，必须更努力地区别色彩和形状。最后，他对视觉的世界比正常儿童拥有更多的经验。由此可见，只要心灵找出了克服困难的正确方法，有缺陷的器官就能成为儿童获得更大利益的来源。在画家和诗人之间有许多人都曾蒙受视力缺陷之苦。这些缺陷被训练有素的心灵驾驭之后，它们的主人就比正常人更善于运用他们的眼睛来达成多种目的，天生惯用左手的儿童却未被当作是左撇子来看待时，在家庭里或在其学校生活开始之际，他们会被训练运用他们不灵巧的右手，也很容易得到同类的补偿。事实上，它们是不十分适合于书写、绘画或做手工艺的。但是，心灵如果能妥善克服这种困难，我们相信不灵巧的右手必定会发展出高超的技巧。事实也是如此。在许多例子中，惯用左手的儿童都比其他人拥有更漂亮的书法技艺、更好的绘画才能，手工艺方面也较有技巧。找寻出正确的方法后，再加上兴趣、培训和练习，他们就能够将劣势转变成优势。

只有那些具有奉献精神且不以自我为中心的儿童，才能成功地学会补偿之道。只想避开困难的儿童，必将继续落后于他人。只有拥有一个可供努力的目标，而此目标又比挡在前面的障碍更为重要时，他们才会继续奋勇前进。这是他们的兴趣和注意力指向何处的问题。如果他们努力地争取某种身外之物，他们自然会训练自己，使自己具有获取的能力。困难只是通向成功之路必须度过的关卡。反过来说，假使他们只担心技不如人，或只想摆脱缺陷而斗争，那么他们就不会有真正的进步。

一只笨拙的右手是无法凭空妄想它不再笨拙的，或通过逃避出丑的方法来使其变得灵巧。只有在实际练习中，才会变得娴熟灵活。而此成就的诱惑，也必须比由笨拙所引起的气馁更加强大。如果一个孩子集中全力来克服他的困难，则在他身外必须要有一个目标，而这个目标是以他对现实的兴趣，对别人的兴趣，以及对合作的兴趣为基础的。

可以把我对患有肾管缺陷的家族的研究，作为克服遗传的缺陷的事例。这些家庭的孩子们，有很多患有遗尿症，他们的缺陷很明显，肾脏、膀胱或脊柱分裂的问题很明显。并且，从腰部的痣和胎记中，我们也可以很清楚地看到这一缺陷。可是，我们并不能将这种疾病完全归于身体上的缺陷。患病的孩子并不是在器官的控制下生活的，他可以掌控自己的器官。比如，有些孩子晚上会尿床，可是白天却不会尿裤子。有时，这种毛病会随着环境的改变或父母关注力的下降而消失。如果患病孩子没有智力上的障碍，他不会总利用自己的缺陷去做一些有违常理的事，因为遗尿症是可以克服的。

但是，大部分患病孩子是因为自己受到了外界的刺激，因而不想去克服，而是延续自己的毛病。有经验的母亲会给他们一定的训练，让其改掉这种毛病，然而缺乏经验的母亲却对此束手无策，任其发展。在有肾脏或者膀胱疾病的成员的家庭里，对于病人排尿总是过于敏感。母亲也不该在孩子尿床时过于严苛，当孩子知道别人总是关注他的这种行为时，就会产生厌烦心理。这样就会使孩子寻找反叛的机会来表明自己的立场。

德国一位社会学家发现：父母的职业与犯罪相关的，其孩子犯罪率就高，比如法官、警察或狱警的孩子。教师的孩子常常根性顽劣，医生的孩子往往产生精神问题，而牧师的孩子有很多会变为堕落分子。在我的调查中，这样的不良少年与精神问题儿童的数目都是相当惊人的，也发现这些结论都是确凿无疑的。同样，如果父母对于孩子的撒尿行为过于关注，就恰恰为孩子提供了一个表现自己的机会，他们会通过这种方式表明自己的意志。

遗尿症还给了我们一个很好的例子来说明我们如何利用梦，以引起适当的情绪来配合我们的行为。尿床的孩子常常梦见他们已经起床并且走到了厕所。他们用这种方式原谅自己后，便理所当然地便溺在床上。遗尿症所要达成的目的通常是：吸引别人的注意，让别人听从他，要别人不分昼夜地注意他。有时，这种习惯是一种敌意的表现，它是反抗别人的方法之一。不管是从哪一个角度，我们都可看出遗尿症其实是一种创造性的表现，这种孩子不以他们的嘴巴而以他们的膀胱说话。器官的缺陷给了他一种表明自己态度的方法。

用这种方法表现自己的孩子都处一种紧张的状态之下。通常，他们多是被宠惯后又丧失了唯我独尊地位的一些孩子。也许是由于另一个孩子的出生，他们发现自己不再得到母亲的全部关怀。因此，遗尿症即代表了亲近母亲的一种行为，虽然它令人不快，却十分奏效，仿佛在说“我还没长得像你想象的那么大，我还需要照顾呢！”在不同环境下，或在不同的器官缺陷下，他们会采用其他的方法。他们也许会利用声音来建立和别人的联系，在这种情况下，他们一到晚上便会哭闹不止，有些孩子还会梦游，做噩梦，跌下床或吵着要喝水。然而，这些表现的心理背景都是类似的。病症的出现，一部分取决于身体的情况，一部分则属于见机行事。

这些例子都很清楚地显示出了心灵对肉体的影响。事实上，心灵不仅能影响某种特殊病症的选择，它还支配着整个身体的结构。对这个假设我们还没有直接的证据，而且要找出怎样做才能建立这种证明，也是相当困难的。然而，它的证据却似乎相当明显。如果一个孩子是懦弱的，胆小的行为便会表现在他的整个发展过程中。他不关心体格上的发展，甚至不敢想象自己可能达到的成就。这样，他就不会用有效的方法来增强体质，而且对于锻炼肌肉的所有外来刺激嗤之以鼻。而其他的孩子却对此饶有兴趣，并在运动和体质方面遥遥领先，他却由于缺乏兴趣而远远落后于他人。

这些事例都充分说明：身体的形成和发展不仅深受心灵的影响，而且可反映出心灵的错误和缺点。我们经常可以观察到，当无法用正确的方法克服困难时，精神上的错误就会体现在行为上。在生命开始的最初四五年之间，内分泌腺本身也会受到精神的影响。腺体的缺陷并不会对行为有强迫性的影响。反之，整个外部环境、儿童的认知水平和大脑的创造性活动，却不断地影响着腺体的生长。

人们可能对另外一个现象更加了如指掌。因为，我们对它较为熟悉，而且它引起的是身体短暂的表现，不是固定的气质。每一种情绪都会以一定的程度表现在身体上，而每个人也都会将他的情绪表现在某种可见的形式中，这也许是他的姿势或态度，也许是他的面部表情，也许是他的腿或膝盖的颤抖。例如，当他脸色变红或转白时，他的血液循环必然已经受到了影响。在愤怒、焦急或忧愁的状态下，肉体也会说话。而肉体在说话时，都在使用自己的语言。当一个人处于害怕的情境中时，他可能全身发抖，第二个人可能毛发竖立，第三个人可能心跳加快，还有些人会冷汗直流、呼吸困难、声音嘶哑、浑身颤抖，或者畏缩不前。有时，会引起身体的痉挛，例如，失去胃口或引起呕吐等。对某些人，这种情绪主要会影响到膀胱的功能，而对另外一些人，则是性器官。有些儿童在参加考试时，会觉得性器官受到了刺激。

一些罪犯在作案之后，常常会跑到妓院或去找他们的女友，也是众所皆知的事。在科学的领域中，我们看到许多心理学家宣称：性和焦虑密不可分，而另外的心理学家却主张：它们一点儿关系也没有。他们的观点是依他们个人的经验而定的，对一些人来说，它们之间互相关联，对其他人来说，则没有关系。

这几种不同的反应来自不同类型的人。它们很可能或多或少由遗传得来，而他们的身体表现也常能给我们许多启示，让我们看出其家族的弱点和特质。因为同一家族的其他分子也可能出现十分类似的身体反应。然而，这里最有趣的事是：观察心灵如何利用情绪来激起某种身体状态。情绪及其引起的外部表现告诉我们：头脑在一个有利或有害的情况下是如何行动和反应的。

例如，当发脾气时，某个人可能希望尽快克服自己的障碍，而他能找到的最好方法似乎就是辱骂、殴打或攻击另一个人。另外，愤怒也能影响身体器官，让它们行动起来，或加以额外的压力。有些人在生气时，同时会伴有胃部的疼痛或面孔涨得通红的现象。他们血液循环的改变甚至会引起头痛。在偏头痛或习惯性头痛的后面，我们常会发现有异乎寻常的愤怒或羞辱。对某些人，愤怒还能造成三叉神经痛或癫痫性痉挛。

心灵影响肉体的方式，尚不明朗。所以，我们也无法对它们做完整的描述。心情的紧张对自主神经系统和植物神经系统两者都能产生影响。只要一紧张，自主神经系统一定有所反应。只要紧张，人类必然会以某种方式表现出来，例如，拍桌子、咬嘴唇或撕纸片等。咬铅笔或吸香烟也能发泄紧张的情绪。这些动作都告诉我们：目前所面临的情境，已经使他无法承受了。他在陌生人面前变得面红耳赤、手足无措、肌肉颤抖，也是紧张的结果。紧张能经由植物神经传至全身，因此，每种情绪爆发时，整个身体都会处于紧张状态之下。可是，这种紧张的表现并不是每一次都非常明显。

我们所提到的病症，都是那些显而易见的症状。如果更仔细地检查，我们将会发现：身体的每个部分都包含在情绪的宣泄之中，而这些身体的表现又都是心灵和肉体互相作用的结果。必须找出心灵与肉体的活动规律，因为是它们组成了我们所关注的整体。我们可以理性地推断出生活方式和特定的性情能够对身体的发展施加持续性影响。果真如此的话，儿童很早就形成了固定的生活方式。如果我们有丰富的阅历，就能够预测后期的行为。勇敢的人会在体格中表现出自己态度的影响。他的身体会长得与众不同，他的肌肉较为结实，他的姿势比较坚定。态度对身体的发展可能有相当大的影响，而它也可能是肌肉发达的因素之一。勇敢者的面部表情也与普通人不一样，他的整个外部特征都很独特，甚至就连骨骼的构造也会受到影响。

时至今日，我们很难否认心灵也能够影响大脑。病理学的许多个案显示：大脑右半球受损而丧失阅读或书写能力的人，能通过大脑其他部分的训练来恢复这些能力。常常有许多中风的患者，其大脑受损的部分已经完全没有复原的可能性，但大脑的其他部分能补偿并承担部分功能，而使大脑的功能再度恢复。当我们想证实个体心理学所主张的教育实践的可能性时，这个事实是特别重要的。如果心灵能对大脑施以这样的影响，如果大脑只是心灵最重要的工具，且只是工具之一，那么我们就能找出发展或增进此种工具的方法。人的大脑各有不同，我们并不一定一生都受其拘束，我们总能找出使大脑适合生活的方法。

如果头脑中把目标定在错误的方向上，就不能对大脑施加有益的影响，例如，不去努力培养合作能力等。另外，我们发现很多缺乏合作能力的儿童，后期的智力和理解力的发展都受到了限制。因为，从成人的行为举止能够看出小时候生活方式的影响，我们清楚地发现他的认知图式和终极人生意义。如果知道不善于合作给他带来了痛苦，我们就能帮他矫正失误。在个体心理学中，我们已经朝这门科学迈出了第一步。

身心的不同特征

有许多学者曾指出，在心灵和肉体之间有一种固定的关系存在。但是，他们却似乎没有一个人曾试图找出二者之间的确定关系。例如，克利胥末（Kretschmer）曾告诉我们：如何从身体的结构中，看出一个人是和某种心灵互相对应，如此，我们就能把大部分的人类区分成许多类型。比方说，有一种圆脸短鼻、有肥胖倾向的人，正像莎士比亚在《恺撒大帝》所描述的：

“愿我四周围满肥胖的、脑袋滑溜溜的、整晚大睡的人。”

克利胥末认为这样的体格和某些心理特征有关，但他却没有说明它们为什么会有关联。依据我们的经验，具有这种体格的人似乎都不会有器官上的缺陷，他们身体非常符合我们文化的审美观。在体格上，他们充分相信自己是十分强壮的，因而觉得能与任何人较量一番。他们也不紧张，如果他们想和别人一决高下，也能够全力以赴。然而，他们却没有必要把别人当作敌人，也不需要把生活当作是充满陷阱的泥潭。心理学中有一派把他们称为“外向的人”却没有说明为什么如此称呼他们。我们认为他们是外向者，则是因为他们身体没有给他们增添任何烦恼。

克利胥末区分出的另一个相反类型是神经质的人。他们有些很单薄，通常长得高高瘦瘦的，长长的鼻子，鹅蛋形脸。他相信这种人保守而善于自省，如果他们得了心理疾病，他们大多患有精神分裂症。《恺撒大帝》中也有对这种人的描述：

“卡修斯身材细长，面色枯瘦，他城府太深，是个危险分子。”

这种人很可能受器官缺陷所累，而变得自私、悲观、内向。他们要求比别人更多的帮助，当他们觉得别人对他关心不够时，他们会变得怨恨多疑。不过，克利胥末也承认我们能发现许多混合的类型，即便是肥胖型的人也可能发展出属于瘦长者的心理特征。我们不难了解假使他们的环境加给他们许多额外负担，他们也会变得胆小而沮丧。如果给予蓄意的打击，我们可能把任何一个小孩塑造成神经质患者一样的人。

如果我们有丰富的经验，我们便能够从个人动作的细节中，窥探出其与人合作能力的高低。虽然我们不清楚它的本质，人们却耐心地寻找着蛛丝马迹来证明合作的必要性。而我们也依靠直觉找到了许多细节来指引方向。我们知道在每次历史大变革之前，人的心灵都已认识到变革的必要，而且努力使之成为现实。然而，这种奋斗如果单靠本能来决定，则是很容易犯错误的。

同样，人们不喜欢非常扎眼的人，例如身体畸形或驼背的人。人们对他们虽然还不十分了解，可是却已经判断他们不适合合作。这是一种很大的错误，不过，他们的判断也可能是以其经验为基础的。目前，尚未发现有什么方法能够给予他们合作的机会，这些外貌异常者的缺点被过分强调，因而他们也变成大众迷信的受害者。

现在，让我们做一下总结。在生命之初的四五年内，儿童会形成整体思维，心灵和肉体之间也会建立起最根本的联系。他会采用一种固定的生活方式，以及对应的情绪和行为习惯。它的发展包括了或多或少的合作。从其合作的程度，我们能判断并了解一个人。在所有的失败者中，最常见的共同点是合作能力低。现在，我们可以给心理学一个更详细的定义：它是对合作缺乏理解。由于精神是一个整体，而同样的生活方式又会贯穿其外部表现。因此，个人的全部情绪和思想必定会跟生活方式协调一致。如果我们看到某种情绪很明显地引起了麻烦，而且违反了个人利益，那么只改变这种情绪不起丝毫作用。它是个人一贯作风的合理表现，只有改变其生活方式，才能将它斩草除根。

在此，个体心理学对教育和医疗前景给予了新的启示。我们绝不能只治疗一种病症或一种单独的表现。我们必须在整个生活方式中，在感悟经验的过程中，在它赋予生活的意义中，在它指挥身体和接受环境的刺激而做的反应中，找出其错误所在，这才是心理学真正该做的工作。至于拿针刺小孩以看他跳得多高或挠痒以看他笑得多响，这些实在不宜称为心理学。然而，这种做法在现代心理学界中是非常普遍的，它们事实上虽然也能告诉我们和个人心理有关的某些东西。不过，这也只限于提供了一些证据，表明了稳固独特生活方式的存在而已。

生活方式是心理学最适当的研究题材和研究对象，采用其他题材的学派，其主要部分都论述的是生理学和生物学。这种说法对那些都适用，包括：研究刺激和反应的人，企图找出创伤或者惊吓后果的人，以及研究遗传并观察如何发展的人等等。然而，在个体心理学中，我们考虑的是灵魂本身，即统一的心灵。我们研究的是个人赋予世界和自身的意义，他们的目标、努力的方向，以及他们对生活问题的看法。迄今为止，我们所拥有的了解心理差异的最好方法，就是检验其合作能力的高低。

第三章　自卑感与优越感

自卑心理

个体心理学的重大发现之一——"自卑情结"好像已经众所周知了。许多学派的心理学家都采用了这个名词，并且按照他们自己的方式付诸实践。然而我却不敢断定，他们对于这个名词的理解和使用是否都准确无误。

例如，告知一个病人他有自卑的情绪是没什么用的。这样做只能增强他的自卑感，而不能教他如何克服这种情绪。我们必须辨别出他生活中自卑的苗头，在他出现自卑情绪的准确节点给予他鼓励。每个神经功能症患者都有自卑情结。把有无自卑情结作为区分神经功能症患者的依据是徒劳的。区分他们的依据只能是看其生活能力以及完成目标的程度。如果我们只告诉他，"你正遭受着自卑的痛苦"，这样根本无法帮助他获得勇气，因为这就等于告诉一个患头痛的人："我知道你的毛病，你头疼！"

有许多神经功能症患者被问及他们是否觉得自卑时，他们会摇头说，“不”，有些甚至会说：“正好完全相反。我很清楚，我比周围的人都高出一筹！”所以不必问，我们只需关注他的行为。在其行为中，我们可以看出，他是采用什么手段来确保自己的重要性的。例如，假如我们看到一个傲慢的人，我们能猜测他的想法是：“别人老是瞧不起我，我必须表现一下，让他们瞧瞧我很厉害！”如果我们看见一个说话时手势过多的人，我们也能猜出他的感觉：“如果我不强调的话，我说的话就显得太没有分量了！”

一个行为举止处处故意要凌驾他人之上的人，我们也怀疑他是为了隐藏自己的自卑感，需要装腔作势一番。这就像是嫌自己个子太矮的人，为了使自己显得高一点，总要踮起脚尖走路一样。两个小孩子在比身高的时候，我们常常可以看到这种行为。怕自己个子太矮的人，会挺直身子并紧张地保持这种姿势，以使自己看起来比实际身高还高一点。如果我们问他：“你是否觉得自己太矮小了？”我们不能抱希望他会承认这个事实。

然而，这并不是说有强烈自卑感的人一定会显得柔顺、安静、克制、与世无争。自卑感表现的方式成千上万，也许我能够用三个孩子初次被带到动物园的故事来说明这一点。当他们站在狮笼前面时，一个孩子躲在他母亲的背后，全身发抖地说道：“我想回家。”第二个孩子站在原地，脸色苍白地用颤抖的声音说道：“我一点都不怕。”第三个目不转睛地盯着狮子，并问他的妈妈：“我能向它吐口水吗？”事实上，这三个孩子都已经感到了自己处于劣势，但是每个人去都按照自己的方式表达自己的情绪，这与他的生活方式是一致的。

我们每个人都有不同程度的自卑感，因此我们都希望改善自己的处境。只要一直保持勇气，我们便能以直接、实际和满意的方法改善环境来使我们摆脱自卑。没有人能长久不变地忍受自卑感，他一定会采取某种行动来解除自己的紧张状态。假使一个人已经气馁了，假使他认为脚踏实地、努力拼搏，并不能改善自己的处境，那么自卑感就会使他不堪重负。如果他还要努力摆脱它，就会做一些毫无意义的事，来掩盖这个问题。他的目标仍然是“战胜困难”，可是他不再设法克服障碍，反倒用一种优越感来自我陶醉或麻木自己。因此造成自卑的环境仍然一成未变，问题依旧存在。同时，他的自卑感会愈积愈烈。他所采取的每一步都会使他陷入自我欺骗之中。如果我们只看他的动作，而不设法去理解，我们会以为这些动作是漫无目的的。他给我们的印象并不是要改善自己的处境，只要我们看到他跟其他人一样忙碌。他只是要达到一种自我满足状态，事实上他放弃了改变客观环境的希望，他所有的动作在这点上是一致的。

如果一个人觉得自己弱小，他会跑到具有优越感的环境里去。他不会让自己变得更强、更有能力，而是让自己在自我眼中显得更强大。他欺骗自己的努力只能获得部分的成功。如果他对工作上的问题应付乏力，为了获得自信，他可能会在家里变成独裁的暴君。他可能用这种方式来麻醉自己，但是真正的自卑感仍然岿然不动。只要遇到相似的环境，它们就会一触即发。这样，它们会变成精神生活中长久潜伏的暗流。在这种情况下，我们可以称之为“自卑情结”。

现在，我们应该给自卑情结下一个定义了。当某个人没有准备好面对某个问题时，他坚信自己无法解决这个问题时出现的情感便是自卑情结。由这个定义，我们可以看出愤怒、眼泪或道歉一样，都可能是自卑情结的表现。由于自卑感总是造成紧张，所以争取优越感的补偿动作必然会同时出现，但是其目的却不在于解决问题。

获取优越感的行为用在那些毫无意义的事情上，那么就会掩盖或者逃避真正的问题。个人就会约束自己的行为来逃避失败，而非努力追求成功。在困难面前，他会表现得犹豫不决、止步不前，甚至临阵退缩。

这种态度可以在广场恐惧症的案例中很清楚地看出来。这种病症表现出一种信念就是：“我不能走得太远。我必须留在熟悉的环境里。生活中充满了危险，我必须避免面对它们。”当这种态度得到严格执行时，个人会把自己关在房间里或待在床上不肯下来。在面临困难时，最彻底的退缩就是自杀。此时，个人在所有的生活问题面前已经缴械了，而他的信念表现出的是，他对自己的处境一筹莫展。当认识到自杀是一种谴责或报复时，我们才能理解这是他们在追求一种优越感。在每个自杀案中，我们都会发现死者把责任完全抛给某个人。自杀者仿佛在控诉："我是世界上最温柔、最敏感的人，你却用最恶毒、最残忍的方式对付我！"

每个神经功能症患者都会或多或少地限制自己的活动范围，以及他接触的整个环境。他想要和生活中必须面对的三个现实问题保持距离，并将自己局限在他认为能够主宰的环境中。以此方式，他为自己筑起了一个狭小的马厩，关上门窗，拒绝了清风、阳光和新鲜空气，就这样了此一生。至于他的统治方式是飞扬跋扈，还是委曲求全，则全凭个人的教养而定。为了达到目的，他会穷尽各种方法，并从中选出最高效的来。一旦他对一种方法不满意，就会换另一种。不过不管何种方法，其目的是一样的——在不改变环境的情况下，获得优越感。

受了委屈的孩子一旦发现眼泪是驾驭别人最佳的武器，就会变成爱哭的娃娃，而这类孩子成年后，就很容易患上忧郁症。眼泪和抱怨——这些方法我称之为"水的力量"（water power）。这是破坏合作，并将他人变为奴仆的有效武器。我们可以在其举止上看出他们的自卑情结。在这点上，他们和生性腼腆、忸怩作态、抱罪怀瑕的人是一样的。他们已经默认了自己的软弱，并且自顾不暇。他们想掩人耳目，并不惜任何代价争取不切实际、至高无上的目标和凌驾一切的野心。相反，一个喜好夸口的孩子，初次见面会表现出优越的情结，可是如果我们观察他的行为而不管他说什么的话，就会很快发现他不承认的自卑情结。

所谓的"恋母情结"（Oedipus Complex）事实上只是神经功能症患者"小马厩"的一个特例而已。如果一个人不敢在外界面对爱情问题，他便无法成功地解决这个问题。假使他把他的活动范围限制在家庭内部，那么他的性欲也必须在这个范围内解决，这也不是什么大惊小怪的事。由于他的不安全感，他从没把兴趣延伸到家庭外部的其他人身上。他怕跟别人相处时，就不能依照他习惯的方式来掌控局势。恋母情结的受害者大多是被母亲宠坏的孩子。他们所受过的教养使他们深信：他们的愿望得到满足是他们的特权，而他们却不知道在家庭之外，可以凭借自己努力赢得好感和爱情。成年后，他们仍然拴在母亲围裙上。他在爱情里寻找的，不是平等的伴侣，而是仆人。而能使他们最安心的仆人，则是他们的母亲。在任何孩子身上，都可能会有恋母情结。想要这样的结果，需要做的就是让他的母亲宠溺他，并不准他把兴趣扩展至别人身上，同时他的父亲要对他漠不关心或者冷漠无情。

各种神经功能症患者都能表现出限制性的行为。在口吃者的语言中，我们便能看到他犹豫的态度。社会归属感促使他和同伴交往，但是他对自己的轻视、对尝试的恐惧与他的社会情感产生冲突，结果他在说话的时候，便显得犹豫不决。那些在学校中“表现差劲”的儿童，三十多岁仍然找不到工作或婚姻久拖不决的男人或女人，反复做出同样行为的强迫性神经病患者，对白天的工作感到十分厌烦的失眠症患者——这些人都有自卑情结，这使他们无法有效地解决生活问题。手淫、早泄、阳痿和变态的人在接近异性时，就会害怕自己表现不当，因而在生活中会犹豫不决。如果我们问：“你为什么这么害怕呢？”这时，他们好高骛远的目标就会显露无遗。对这个问题的唯一答案是：“因为这些人把自己的目标定得太高了！”

我们说过：自卑感本身并不是变态。它们是人类进步的诱因。例如，科学的发展就是因为人类感到自己的无知并预测未来的变化而发生的。它是人类改善生活条件、探索宇宙、利用自然的结果。事实上，依我看来，人类的一切文化都是以自卑为基础的。假使我们想象一位兴味索然的外星人访问我们的星球，他必定会有如下的观感：“这些人类呀，看看他们的社会组织结构，看看他们为了安全所做的各种努力，他们有屋顶以防雨，衣服以保暖，街道以使交通便利。很明显，他们觉得自己是地球上最弱小的物种了！”

在某些方面，人类确实是所有动物中最柔弱的。我们没有狮子和猩猩强壮，而且还有多种动物也比我们更适于单独应付生活中的困难。虽然有些动物也会用团结来补偿他们的软弱，因而成群结队地生活在一起，但是人类却比世界上任何其他动物，更需要形式多样、内涵丰富的合作。因为，人类的婴儿是非常柔弱的，他们需要年长者照顾和保护。

由于每一个人都曾经是最弱小的婴儿，如果人类缺少了合作，便只能完全听凭环境的宰割，所以我们不难理解，一个儿童若未曾学会合作，他必然会走向悲观，并发展出顽固的自卑情结。我们也能想象即使是对最会合作的个人，生活也会不断向他抛出问题。没有哪一个人会发现自己已经接近完全控制环境的最终目标。生命太短，我们的躯体也太软弱，可是生活的三个问题却不断地要求更丰硕、更完美的答案。我们不停地提供我们的答案，然而，我们却绝不会满足于自己的成就而止步不前。无论怎样，我们都要继续努力，而努力的前提则是与人合作，这样的奋斗才有意义、有希望，这样才能真正改善我们共同的境遇。

人类永远不会达到自己终极的目标，这是众所周知的。如果某个人或整个人类面对的是正道坦途，未来的一切都可以预料，任何事都可以提前做好，这样的生活就会变得索然无味。未来不会出现任何出人意料的事，那我们还期待什么呢？事实上，正是生活的不确定性引起了我们人类的兴趣。如果我们对任何事都一清二楚，我们想知道的事都已经知道，那么探索和发现还有存在的必要吗？科学也就走向了终点，我们的宇宙也成了老生常谈的故事。我们追求的艺术和宗教，也将失去其原有的意义。所幸的是，生活并非这么容易就被耗尽。人类仍在不断奋斗，我们也总能发现和提出新的问题，并积极合作为社会做出贡献。

然而，神经功能症患者在行动之初就遇到了阻碍。他解决人生各种难题的方法处于较低水平，所以他面临着更多的困难。正常的人会努力寻求某一问题的圆满解决方法，他能找到新办法，也能解决新问题。这样，他们就能为社会做出贡献。他们不甘心居于人后，不甘心成为他人的负担，也不需要别人的特殊照顾，他们会遵循正确的社会规律，行事果敢，并善于独立解决问题。

追求优越感

人人都有对优越感的追求，它具有唯一性。它取决于个人所认同的人生意义，这种意义并非只是口头承诺，而是体现在了一个人的生活方式中，它就像自创的美妙乐曲一样贯穿人的一生。但是，在他的生活方式中，他并没有直白地表现出来，它的表现形式很委婉，我们只能从他的举止中去猜测。了解一个人的生活方式就像解读一位诗人的作品。诗人的文字不多，意义却异常深远，只有我们动用自己的直觉和研究才可以推敲出来。对于无比深奥也最为复杂的生活方式，心理学家也需要从其字里行间中推敲，换句话说，他必须学会品读生活意义这门艺术。除此之外，别无他法。

在四五岁的时候，我们就已经懂得了人生的意义。这并不是通过数学精算计算得来的，而是在暗中摸索获取的。我们一直在整体中摸索，一点点地获得线索，然后对事物的局部进行认识，最后做出自己的解读。我们对于优越感的追求同样是在暗中摸索而出的，它是我们的一种追求，是一种动力，而不是地图上的某一个静止的点。没有人能够说出自己优越感的目标是什么，也许他有自己的职业目标，但那只是人生目标的一部分。即使有了确定的目标，通向目标的途径也各不相同。比如，一个人想成为医生，可是作为医生需要他具备很多素养。他不但要有专业的药学和病理学知识，他还要在行医中体现出仁爱之心。其救死扶伤的行为和尽职尽责的态度都会表现出来。这一目标其实就是他对自己自卑感的一种补偿，并且我们还能从他的工作以及其他领域的表现中，推测出他所补偿的是哪种具体的自卑感。

比如，我们经常发现很多医生很早就耳闻或目睹过死亡的事例。而这种事给他们最深刻的印象是人生是不安全的。也许他们的兄弟姐妹或者父母死去了，这就激起了他努力学医的决心，以找到一种对抗死亡的方法。也许有人的具体目标是当一名老师，但是老师之间的差异也是巨大的。如果一个老师的社会情感很弱，那么他就可以通过当老师的方法来让自己获得优越感。只有和那些比他弱小或者经验不足的人在一起，他才会有一种安全感。可是那些社会情感很强的老师则会平等地对待学生，并为人类做出自己的贡献。在此我需要提醒一下，老师之间不仅有能力和兴趣的差异，自身的目标对他们的行为也有着重大的影响。如果他有明确的目标，那么为了适应这个目标，个人潜能就会受到压抑或限制。但是，原来的目标却依然顽强存在，直至他找到一种实现人生意义的方法，并实现其最终理想，即一种优越感。

所以，对于任何人来说，我们都不能只看其表面。就像一个人可能改变其目标的实现方式一样，比如，他可以随意调换工作，所以我们必须寻找其潜在的一致性，即性格上的统一。人的性格不论以怎样的方式表现出来，都是固定不变的。就像我们拿到了一个不规则的三角形，当我们将它放在不同位置，或者以不同的角度去观察它时，就会觉得它有所变化，然而进一步观察发现，它始终是原来的那个三角形。个人的整体目标也是如此。我们无法从某种行为观察到其整体目标，但是从他的全部行为中却可以窥其全貌。我们不可能说："如果你做成了这些事，你就获得了人生的优越感。"追求优越感的过程并不是一成不变的，一个人身体越健康，精神就越正常，在遇到困难时，就越能找到最佳办法。只有神经功能症患者才会只认定一个目标说："我就必须如此，否则就无路可走了。"

我们都不会急于对特定优越感的追求给出定义，但是我们却发现，这些行为都有一个共同的目标——希望成为神一样的人。有时我们会听到小孩子毫无顾忌地说出这样的话："我要成为上帝。"很多哲学家拥有同样的想法。老师也希望将孩子培养成上帝般的人物。在古老的宗教中，这种目标更司空见惯——教徒们必须以这种方法修炼，使自己成为超凡脱俗的圣人。而成为“超人”的观念其实是成为上帝的委婉说法。尼采在发疯后，曾写信给斯滕伯格，署名为“被钉在十字架上的人”。那些疯子常常将自己想象成神，而且明目张胆地把这种愿望表达出来。他们会说“我是拿破仑”或“我是中国的皇帝”。他们想成为众人瞩目的焦点，想成为众人膜拜的对象，他能用无线电波沟通世界、监听他人的谈话并拥有预测未来的超凡能力，总之，他想要成为世界的主宰。

也许，把自己想成为世间主宰的想法用来获取知识，是一种更为理想的表达方式，比方说，掌握世界真理或者变得长生不老等。不管我们是想让自己永世长存，或者在人间反复轮回，还是预见一个永生不朽的世界，它们都是以成为上帝一样的人为基础的。在宗教思想中，只有上帝才是永垂不朽的，因为他可以劫后重生。我们暂且不说这种观念的是非对错，这些都是对人生的解读，都是人生的意义。在某种程度上，我们都认同了这种意义——成为上帝或者圣人。即使无神论者也希望自己能战胜上帝或者比上帝高出一筹。由此，我们可以看出这个目标有强烈的优越性。

只要确定了自己的具体目标，个人所有的行为也不会与之背离。个人的习惯和表现也都会完全遵循这一目标。那些问题儿童、神经症患者、酗酒者、罪犯、变态者的行为都是在追求优越感。他们的目标导致了这些病症的出现。但是在他们看来，这是无可指责的，因而他们绝不会反省自己的病症。

在一所学校里有这样一个男孩，他是全班最懒的学生。有一次，老师问他："为什么你的成绩总是那么差？"他却说："如果我是班里最懒的孩子，你就会把更多精力放在我身上。你几乎很少注意那些上课安安静静、按时完成作业的好学生。"只要这种做法能够吸引老师的目光，并驾驭老师，那么他就不会改正。要他放弃懒惰是不可能的，因为他需要用它来达到目的。从这个角度来说，他是完全正确的，如果他改掉了自身的毛病，反而成了一个十足的傻子。

还有一个孩子，在家里他很老实，甚至略显愚钝、笨拙，在学校他的成绩也很差。他有一个大他两岁的哥哥，但是哥哥的行为方式则与他全然不同，既聪明又活泼，可是因为莽撞总是惹是生非。别人曾听到弟弟对哥哥说："我宁可笨一点，也不要像你那样鲁莽。"如果我们认识到弟弟的做法是在避免麻烦，那就会知道他的愚笨其实是明智之举。因为弟弟天生愚笨，所以别人不会对他要求太高，即使做错了事也不会受到责备。从他的这一目的来看，他并不是真愚，而是装笨。

时至今日，一般的矫正只针对其外在表现。不管是在医药上或是在教育上，个体心理学对这种态度都是完全不赞同的。当一个孩子的数学赶不上别人，或学校的作业总是做不完时，如果我们只注意到这点，想要他在这些方面取得进步，那是完全不可能的。也许他是想给老师添些麻烦，或甚至是使自己被开除来逃避学校。假使我们在这一点上纠正他，他会另找新途径来达成他的目的，这和成人的神经病症如出一辙。例如，假使一个人患有偏头痛（migraine）。这种头痛对他非常有用，当他需要它时，它便会适时发作。由于头痛，他可以避免许多社交问题，每当他必须与陌生人见面或做新的决定时，他的头痛便会发作。同时，它还能被用来当作对别人发脾气的借口。

这么有效的方法，我们怎样才能奢望他放弃呢？在他看来，头疼可是一笔很划算的买卖，它可以带来他想要的一切。不过，有一点是确定无疑的，我们可以吓唬吓唬他，让他无法再继续演戏。就如同一些士兵害怕上战场，当在假装要给他电击或动手术时，病症就完全消失了。但是，只要他的目标不变，即使改掉了一种症状，他还会患上失眠症或其他新的病症。有一种神经功能病患者能以飞快的速度甩掉病症，然后毫不迟疑地再患上另一种，令人啧啧称奇。他们变成了神经病症的收藏家，不断地扩展着他们的收藏目录。阅读心理治疗的书籍，只是向他们提供的尝试方式而已。因此，我们必须摸透他们选用某种症状的目的，以及它与一般优越感目标的关系。

如果在教室中，我让人取来一个梯子，爬上黑板顶端，然后坐在那里，看到我这样做的每个人很可能都会想："阿德勒博士一定是疯了！"他们不知道梯子有什么用，我为什么要爬上它，或我为什么要坐在那么不雅观的位置上。但是，如果他们知道："他想要坐在黑板顶端，因为如果不是他的身体高过其他人，他便会感到自卑。只有在能够俯视他的学生时，他才感到安全。"如此一来，别人便不会以为我疯得那么厉害了。我是用了一种非常明智的方法来达成自己的具体目标。梯子看来是一种很合理的工具，我爬梯子也是按计划行事的。我的疯狂就在于我对优越地位的解释。假使有人告诉我：你的具体目标糟糕透顶，那么我就会改变自己的行为。假如我的目标保持不变，而我的梯子却被拿走了，那我会锲而不舍，试着用椅子爬上去。如果椅子也被拿走了，我会尝试往上跳、徒手往上爬。每个神经病患者都是这样的。他们选用的方法都无可厚非。他们需要改变的是自己的具体目标。目标一旦改变，思维惯性和态度也随之转变。他就不再需要它们，新思维和新态度就会取而代之。

让我们再举一例，一位三十岁的女士向我求助说，她交不到朋友，也找不到工作，成了家里的累赘，因此她备受煎熬。她时不时地做些临时工作，比方说打字员或秘书一类的职位，然而她的老板们个个都想占她的便宜，可把她吓坏了，只好落荒而逃。有一次，她也找到了一个工作，这个老板对她并不感冒。可是她却认为这是对她的蔑视，又愤而辞职了。她接受心理治疗很长一段时间，我记得差不多有八年，精神治疗对她并没有起到多大作用，她仍不大合群，也没有找到赖以谋生的工作。

我接诊她时，追踪了一下她童年的经历。因为不了解儿童的人，是不可能了解成人的。她是家里的小女儿，天生丽质，而且被宠得令人难以置信。当时，她的家庭十分富裕。因此凡事只要她动动嘴，就一定能如愿以偿。当我听到这里时，不禁说道："哇，你那时的生活就像公主一样。""是呀，说也奇怪"，她回答道："以前每个人都称我为公主。"我接着问她最早的记忆，"当我四岁时，我记得走出家门，看见一群孩子正在玩游戏，他们蹦蹦跳跳，还同时大喊'巫婆来了'，我被吓坏了。回到家中，我问和我们一起生活的女佣'世上真的有巫婆吗'，她说，'是的，有巫婆、小偷，还有强盗，他们还会到处跟着你。'"从那以后，她就很害怕一个人待在家里，并且她将这种恐惧带到了全部生活之中。她说自己不够强大，无法离开家，家人必须在各方面支持她、照顾她。

还有一段她早期的记忆："我曾经有过一个男性钢琴老师。

有一天，他想亲我，我立马就不弹了，撒腿就跑，接着就告诉了妈妈。从此，我再也不想弹琴了。”在此，可以看出，她受到的教育就是要和男性保持很远的距离。她对性的观点就是，要通过拒绝爱情来保护自己。她认为谈恋爱是软弱的表现。

在此我想说，很多人在恋爱之后觉得自己变得很脆弱，其实从某些方面来说，他们是正确的。恋爱中的我们会变得很温柔，并且对对方的爱慕也会比较容易使我们受到伤害。只有那些认为自己永远是强者、刻意隐藏感情的人，才会避免对爱的依赖。这样的人没有做好恋爱的准备，也不会去接受爱情。我们发现，这种人如果感到自己有坠入情网的危险时，就会亲手毁掉这段爱情。他们会挖苦、讽刺、揶揄让他们陷入爱情的人，用这种方法摆脱自己的脆弱情感。

这个女孩在面对爱情和婚姻时，也会变得很脆弱。而且她变得过于敏感，当在工作中，有男人向她示爱时，她就会惊慌失措，只得逃走。可是，当她需要处理这些事的时候，父母都去世了，她的王朝崩塌了。她设法找来亲戚帮忙，可是她的境遇却是今非昔比了。没多久，亲戚们就开始对她厌烦了，再也没有人无微不至地照顾她了。她很生气地责备那些人，说“让我一个人孤零零地生活，你们知道有多危险呀”。这样，她才勉强地避免了形影相吊的生活。

我想，如果所有的亲戚都抛弃了她，她肯定会疯掉的。她获得优越感的唯一办法，就是强迫家人供养自己，并帮她解决生活中的所有问题。她常常会有这样的想法："我不属于这个星球，而是另一个星球的人，我在那里是公主。这个星球的人不理解我，也不知道我有多重要。"如果再这样下去，她肯定会发疯的。不过，还算她机灵，她还能得到亲戚们的救济，所以没有踏上这最后一步。

另外，还有一个例子，可以很清楚地看出主人公的自卑情结和优越感。有一个十六岁的女孩子被送到我这儿来，她从七岁起便开始盗窃，十二岁起便和男孩子在外面过夜。她的父母感情不和，经常吵架。在她两岁时，他们终于离婚了。她被母亲带到祖母家里抚养，她的祖母对这个孩子却是非常疼爱。在她出生的时候，父母的关系已经僵到了极点，所以母亲并不欢迎她。因为母亲不喜欢这个女儿，所以母女关系很差。

见到这个女孩后，我很友好地和她交谈，她说："其实，我并不喜欢偷东西，也不喜欢和那些男孩子混在一起，我做这一切就是为了让妈妈看，我要让她知道她管不了我。"

"那你这样做是出于报复了？"我问道。

"我想是的"，她说。

她想要证明自己比母亲更强大，她之所以有这个目标，是因为她觉得自己比母亲软弱。她觉得母亲并不喜欢自己，因而受到自卑的困扰。她认为能够制造麻烦就可以证明自己更强大。由此可以看出，儿童偷窃或者有其他不良行为时，大都是出于报复。

一个十五岁的女孩在失踪了八天之后，被带到了法庭上。她在法庭上自己编造了一个故事，她说自己被一个男人绑架了。那人将她绑在房间里整整八天。没有一个人相信她说的话。医生亲切地跟她聊天，想让她说出实话。她很生气地问医生为什么不相信她，并且给了医生一记耳光。当我见到她时，问她对未来的打算，让她相信我只关注她以后的命运，而且我能给她提供一些帮助。

当我让她将自己做的一个梦告诉我时，她笑了笑，最后给我讲了这样一个梦："我在一个酒吧里，当我打算从里面出来的时候，看见了妈妈。一会儿，爸爸也出现了，我让妈妈把我藏起来，不让他看到我。"她害怕她爸爸，并且一直在反抗。她以前常受到爸爸的责罚，怕受到打骂，她只好说了谎。一方面，当我们听到说谎的案例时，一定要看当事人的父母是否严厉。除非说真话会带来危险，否则他们不会说谎的。另一方面，我们可以知道，女孩和母亲之间有一定的合作。后来，她向我坦白有人将她引诱到一个地下酒吧中，在那里待了八天。因为对父亲的惧怕，她不敢讲真话。但是她又想让父亲知道这件事，以压他一头。因为她一直被父亲压制，只有在伤害他时，她才会有征服的快感。

对于这些在寻求优越感中犯了错误的人，我们应该给予怎样的帮助呢？假如我们知道每个人都在追求优越感，这就不难了。如果我们设身处地想一下，就会对他们的挣扎深表同情了。他们的唯一错误，就是把精力浪费在了毫无意义的事情上。每项人类发明的背后，就是追求优越的不断努力，这也是人类文明之源。人类所有活动都沿着这一主线前进——由下及上，从负到正，再从失败到成功。只有那些为了全人类的福祉奋勇前进的人，才能真正成为生活的主人。如果采用正确的方法对待别人，我们就会发现，说服他们并不难。

人类对价值和成功的判断，总是以合作为基础，这是我们人类最伟大的共同点。我们对行为、理想、目标和行动的要求，都是为了促进人类的合作事业。任何人都不可能没有一点社会责任感。这一点连神经功能症患者和罪犯都一清二楚，他们同样拼力为自己的一贯作风辩解，同样知道将责任推向他人。但是，他们丧失了向正面生活进发的勇气。自卑的心理一直告诉他们："在合作中取得成功没有你的份儿！"他们逃避现实问题，为了证明自己的强大，去跟虚幻的影子搏斗。

由于人类的劳动分工，行业中的目标各不相同。正如我们所见，每一个目标都存在着一定的错误，我们总能从其中找到一些错误吹毛求疵一番。对有的孩子来说，数学是他的优势，有的孩子可能对美术更有天赋，有的孩子也许体力强于他人。对于一个消化系统有问题的孩子来说，可能更关注营养问题，他们会对食物有更大的兴趣，他认为这样做可以改善他的状况，将来他也许会成为厨师或营养师。在这些特殊目标中，我们都可以发现，在得到真正补偿的同时，孩子们排除了其他的可能性，并自我限制学习的内容。比如，一位哲学家需要远离社会，安静地思考和写作，可是，只要他追求的优越感中含有高度的社会责任感，他就不会犯很大的错误。总之，人类的合作需要各种不同特长的人才。

第四章　早期的记忆

个性的塑造

因为人对优势地位的追求是决定其整体人格的最关键因素，所以在他精神生活的每个方面，都可以看到它的影子。认识到这一点，对我们了解某个人的生活方式颇有助益。首先，我们从任何一种行为入手进行研究，他的每个表现都会把我们引入同一个方向——整个动机或思想的曲调，也就是人格形成的核心部分。其次，我们的手中拥有了大量可供参考的资料，每一字词、每种思想、每种感觉或某个姿势都有助于我们的了解。我们仓促之下做出的决定或评价都会出现不少错误，但是这些可以从其他千万次的表现中纠正过来。所以，我们只有将一种表现放在整体中去了解，才能确定它的意义。但是，每种表现都反映出同一个事实，每种表现都将我们引向同一个答案。

我们就像那些考古学家一样，搜寻着那些陶瓷碎片、古老的工具、断壁残垣、倒塌的墓碑和残缺的古书，推断出已经消失的古代城市生活。然而我们研究的并不是已经逝去的东西，而是人类的内部组织构架，一种在我们面前熠熠生辉的鲜活人格。

要想了解一个人并不容易。在所有心理学中，也许个体心理学是最难学习和运用的。我们必须对人的整体性格进行了解，从始至终抱有怀疑的态度，直到核心部分昭然若揭。我们必须从细枝末节中寻找线索，比如一个人走入房间的方式，他打招呼、握手、微笑或者走路的姿态等等。在某一点上我们会误入歧途，但是其他证据却会让我们迷途知返、及时纠正。心理治疗实际上就是对合作的运用和检验。只有真正关注他人，我们才可以使自己的工作获得成功。我们必须设身处地为他人着想。他们也要积极配合，以便于我们的进一步了解。我们必须将他的态度和问题放在一起进行研究。未经充分考虑的真理绝对不是全部真理，它只能说明我们的认识还不够深入。

也许正是因为对这一点的误解，所以其他学派才会提出个体心理治疗从不谈的“负转移和正转移”（negative and positive transference）等概念。娇纵一个娇惯成性的病人，可能是赢得他好感的一种简单方法，但是这明显地会加深他驾驭别人的欲望。如果我们轻蔑地忽视他，我们可能很容易引起他的敌意：他可能中止接受治疗，也可能希望我们道歉来证明他的做派正确，而继续接受治疗。事实上，娇纵或是轻视都不能够帮助他。我们应该向他表示的，是一个人对其同类应有的兴趣。没有哪一种兴趣会比这更真实、更客观的了。为了他自己的幸福，也是为了别人的利益，我们必须与他合作，找出他的困难。记住了这个目标，我们便不会冒险等待令人兴奋的“转移”现象的出现，或是摆出权威的姿态，或是将他置于依赖和不负责任的境地。

个人的记忆是所有心理现象中，最能揭露其中秘密的。记忆就像日记一样，提醒某人自己的能力范围和环境的意义。记忆绝不会是偶然的，个人选出来记忆的都是他接收到的印象，它们的数量不可胜数，只有对自己的处境有重大关系的才能被回忆起来。因此，他的记忆代表了他的“生活故事”。他反复地用这个故事来警告自己或安慰自己，使自己把精力集中在目标上，并按照过去的经验，准备用屡试不爽的行为方式来应付未来。在每天的行为中，都很容易可以看到人们如何利用记忆来稳定情绪。如果一个人遭遇挫折而感到沮丧，他会想起过去失败的例子。假如他忧郁成性，他的所有记忆都会带有忧郁的色彩。假使他的性格开朗而勇敢，他就会选择完全不同的记忆，那么他回想起的意外都是愉快的，它们能使他变得乐观而坚定。同样地，如果他觉得自己有什么困难，他便会唤醒各种记忆，并调整情绪来应付问题。因此，记忆也和梦一样，能达到某种目的。有许多人在做决定时，会梦见他们曾经顺利通过考试的场景。他们把自己的决定看成是一场考试，而要努力重温旧梦。在个人的生活方式中，心情的变化以及心情的一般结构和平衡也都遵循着同样原则。

如果患有忧郁症的人，回想起他的成功和得意时光，他便不会再忧郁。他必须告诉自己："我的整个生命都是不幸的。"并只选择回忆那些他认为不幸的例子。记忆绝不会和生活的方式背道而驰。假使一个人的优越感目标迫使他感到"别人总是在侮辱我"，他便会选择回忆起自己认为的构成侮辱的意外事件。只要他的生活方式改变，他的记忆也会随之改变。他会记住不同的事情，或者会对他记得的事情予以不同的解释。

早期记忆的作用

早期的记忆是极为重要的。首先，它们揭示了生活方式的形成原因，也是它最简单的表达方式。根据一个人早期的记忆，我们可以判定：这个孩子是否曾受到家长的溺爱或忽视；他合作能力达到了什么程度；他喜欢与怎样的人合作；他遇到了怎样的难题，以及有什么解决办法。在一个视力模糊的孩子身上，我们可以看到更多与视觉相关的印象。在他的回忆中也许会是："我望望四周……"他也可能描绘出一些颜色和图案。一个行动不便的孩子，则会对蹦蹦跳跳、打打闹闹更感兴趣。一个人在儿时就记忆犹新的事情，肯定和他的兴趣有关，如果我们知道了他的兴趣所在，也就可以知道他的生活方式和目标。正因为此，早期记忆在就业指导中发挥着重大作用。

此外，我们还可以看出这个孩子与父母、兄弟姐妹等家庭成员之间的关系。记忆的准确性并不重要，其最大价值在于，它们代表了个人的判断："在我还是一个孩子的时候，就是这样的人了。"或者"在很小的时候，我就知道世界是什么样子了。"

因而大部分人能够以一种十分自然、客观公正的方式，从他们早期的记忆中透露出关于人生目的、个人的社会关系，以及对周围环境的看法等等。早期的记忆信息集中、内容简单，便于我们进行大量探讨研究。我们可以要求一个班的学生写下他们最早的记忆，如果我们对他们的这些记忆做出解读，就为了解这些孩子提供了很有价值的资料。

为了便于说明，下面我举了几个早期记忆的例子，并加以解释。除了他们的记忆外，我对这些人都一无所知，甚至连他们是成人还是儿童，我都不知道。我们在其最早记忆中所发现的意义，可以用他们人格的其他表现来检验。但是，我们现在只把它们作为练习，来加强我们的推测能力。我们知道那些事情可能是真的，我们也能够拿记忆互相比较。尤其是我们能够看出一个人所受过教育的结果：使他趋向合作，还是反对合作；他是勇气十足，还是胆小沮丧；他是希望受人支持和被人照顾，或是充满自信而能够独立；他是准备施予，还是只想接受。

1.“因为我的妹妹……”在最早记忆中出现的那一个人是极其重要的。当妹妹出现时，我们可以断定，这个人曾经深受妹妹的影响，她的妹妹在她个人的发展中投下了一层阴影。通常在这两者之间，我们会发现一种敌对状态，就像他们是在比赛中互相竞争一样。我们也不难了解，这种敌对状态会使其成长增加许多困难。当一个儿童心中充满对别人的敌意时，那么他对别人的兴趣就会比善于合作的孩子低很多。可是，我们也不要冒失地早下结论，也许他和妹妹之间的关系很要好。

“因为我和妹妹是家里最小的两个孩子，所以一直等到她可以上学的时候，我才被送进了学校。”现在，我们可以明显感受到他们的敌意了：妹妹妨碍了我的生活，因为她小，我不得不等着她，她剥夺了我的发展机会！如果这是这段记忆的真正意义，我们就可以想到，这个孩子会认为：“谁妨碍我、限制我，谁就是我生活中最大的危险。”这个孩子很可能是一个女孩。如果是男孩，基本不会等到妹妹上学的年龄，他才能再进入学校。

“结果我们是同一天上的学。”对像她这样的女孩子，我们不认为这种教育是最合适的。它可能给她这样的印象：因为年纪较大，所以她必须处处让着别人。在任何情况下，我们都能看到这个女孩做出的解释。她觉得正是因为妹妹，自己才受到了冷落，她还会将这种冷落归罪于某个人，这个人很可能是她的母亲。如果她因此更依恋她的父亲，希望得到他的宠爱，那就没有什么奇怪的了。

“我至今仍清楚地记得母亲在我们上学第一天的表现，她逢人便说她如何孤单。她说‘那天下午，我多次走出大门去看，想让女儿早点回来，好像她们永远都回不来了似的。’”这是她第一次提到自己的母亲，可是，她眼中的母亲是那么不明智。“好像她们永远都回不来了似的”，这句话将母爱淋漓尽致地表达了出来。这个女孩也可以感受到浓浓的母爱，可是其中又藏着焦虑和紧张。如果我和这个孩子交流，定会听到她说母亲是怎样地偏爱妹妹。可是这种现象并不会让我们感到惊讶，因为家中最小的孩子总会得到更多的偏爱。从这一段记忆中，我们可以看出，姐姐因为和妹妹的对立，感到自己受到了委屈。在之后的生活中，嫉妒和不敢竞争的性格也许会缠绕着她。对于她不喜欢跟比自己年轻的女孩相处，我们也不会感到惊讶。有的人总是感慨自己已是明日黄花，还有很多嫉妒心很强的女人在年轻女孩面前，会感到自惭形秽。

2. 一个女孩子写道："我最早的记忆是我祖父的葬礼，那是在我三岁时。"她对死亡这件事有很深刻的印象。这意味着什么呢？她把死亡看作是生活中最不安全的因素和最大的危险。她从儿童时期发生在自己身上的各种事件中，总结出了一条规律，"祖父会死的。"我们还可能发现她是祖父的宠儿，一直对她关爱有加。祖父母几乎都是很疼爱孙子孙女的。他们的责任不及孩子们的父母，但是也希望孩子们能依恋他们，以显示他们仍然能够得到别人的喜爱。我们的文化降低了老年人的价值，有时他们会用一些简单粗暴的方式来显示自己的重要性，例如，喜欢动怒等。我们不难相信，在这个女孩小的时候，她的祖父非常疼爱她，他的宠爱使她产生了深刻的记忆。当他死时，她觉得受到了严重的打击，因为一个亲密的伙伴就这样离开了。

"我清楚地记得他躺在棺材中的样子，脸色苍白，全身僵硬。"我认为不应该让一个三岁的孩子去看死人，尤其是在她没有任何心理准备的情况下。我听很多孩子说过，他们对死亡的印象极深，以至于难以忘怀。这个女孩也不例外。这种孩子一般会极力摆脱对死亡的恐惧，他们的理想是当医生。因为他们觉得医生训练有素，与其他人相比更能与死亡抗争。当问到某个医生的最初记忆时，其中总会含有对死亡的记忆。女孩亲眼见到——

“躺在棺材里，脸色苍白”。也许这个女孩视觉比较敏锐，她很善于观察周围的环境。

“后来我们来到了墓地，棺材被慢慢地放下，那些绳子从粗糙的棺材中拉了出来。”这一次更印证了我之前的猜测，她的确是视觉型的女孩。“这次经历让我心惊胆战，后来每当听到我的朋友或者亲人去了另一个世界的时候，我就吓得浑身发抖。”

我们再次看到了死亡给她留下的深刻印象。如果有机会和她交流，我定会问她：“你长大后想做什么？”她的回答可能是医生。如果她回避这个问题的话，我就会暗示她：“你难道不想成为医生或者护士吗？”她提到“另一个世界”，其实是对内心恐惧的一种补偿。从这段记忆中，我们知道，她的爷爷很疼爱她，她是个视觉型的女孩，而死亡对她的影响很大。她从生活中得出一个结论——我们早晚会死的。事实确实如此，但是我们的主要兴趣并不仅限于此，还有很多吸引我们注意的事。

3.“在我三岁的时候，我的爸爸……”她最先提到了父亲，可见这个女孩对父亲的关注远大于她的母亲。而对父亲的兴趣常常出现在生命的第二阶段。孩子先关注的人一定是自己的母亲，因为在孩子一两岁的时候和母亲是亲密无间的。孩子希望母亲时时陪在身边，孩子的精神活动也是以母亲为中心的。如果孩子对父亲的关注更多，只能表明这位母亲并不合格，孩子对母亲也并不满意，其中也许是因为她有了弟弟或妹妹的缘故。如果她再提到一个比她小的孩子，我们的猜测就被证实了。

“父亲给我们买了一对矮种马。”

果然，这个家中不止一个孩子，我们一定会对另一个孩子也饶有兴趣。

“他牵着缰绳把马带了过来，我的姐姐，比我大三岁……”在此，我们必须推翻之前的猜测了。她家不是有个比她小的孩子，而是有个比她大的姐姐。也许是妈妈更宠爱姐姐，这就是这个女孩先提到父亲和两匹小矮马的原因了。

“姐姐手持缰绳，趾高气昂地牵着马在街上走着。”这是姐姐胜利的表现。

“我的马怎样都赶不上姐姐的马。”这是因为姐姐走在了前面。“我摔倒了，一头扎进土里。我的马拖着我往前跑。本来想出出风头，却落得狼狈不堪。”

姐姐胜利了，她占了上风。我们可以肯定地说，这个小女孩的意识是：“如果我不小心，姐姐永远会占上风，我永远是失败者，我还会趴在土里起不来。唯一安全的方法就是超过她！”我明白了姐姐赢得妈妈的倾心的原因，也知道了妹妹倾向于父亲的原因。

“以后，我的骑术虽然远超过姐姐，但是这丝毫弥补不了那次缺憾。”现在，我们的所有假设都得到了证实。在这一对姐妹之间，我们可以看到一种竞争关系。妹妹觉得她一直落在后头，所以必须设法赶上，必须超过其他人。我曾经说过，次子或年纪较小的孩子经常有一个竞争的对手，而他们又一直想要击败他们的对手。这个例子就是个典型事例。这个女孩子的记忆加强了她的态度。她对自己说如果有人在我前面，我就会很危险。我必须永远争取第一。

“在我出生之前，我家里的五个孩子中，只有姐姐一人是女孩，其余四个全是男孩。自然，姐姐很喜欢带着我到处炫耀。”我们应该知道，这种方式并不好，当一个孩子被当作‘炫耀品’拿出去的时候，她会想着怎样让别人更欣赏自己，而不是想能为别人做点什么。“所以，在我很小的时候，就经常出入各种社交场合。这些聚会留给我的唯一印象就是姐姐常常让我说‘告诉这位小姐你叫什么？’之类的话。”其实这种方法并没有什么好处，如果这个女孩因此患上口吃或出现语言障碍并不足为奇。孩子口吃的原因常常是因为别人对她的话语过于关注。她并不能轻松自然地与人交流，反而会过分关注自己，并设法获得别人的欣赏。

“我还记得，当我说不出话来的时候，回家总会受到训斥，后来我就开始讨厌出门了。”看来之前我们对她下的定论并不正确。现在我们发现，在这个女孩早期记忆的背后隐藏着这样的含义：“我被带出去与人交往，可是我却发现这并不开心。正因为这样的经历，我开始讨厌与别人接触。”由此，我们可以猜测，她至今仍然不愿与人交往，她和别人在一起的时候会觉得很尴尬、不自然。她在心里认为，在这种场合里，她必须要光芒四射、鹤立鸡群，可是她又感到这样太过乏累。她的经历让她远离了安逸舒适，也让她失去了亲朋好友。

4. “小时候的一件事令我记忆非常深。在我四岁那年，曾祖母来看过我。”我们已经知道祖母对孙子孙女是十分疼爱的，那么曾祖母对她的孙女又是怎样的态度呢？“她来看我们的时候，我们全家在一起拍了一张四世同堂的全家福。”可见女孩对自己的家庭兴趣浓厚，因为她对家中的那张照片记忆犹新。由此我们可以说，女孩很依恋自己的家。如果我的猜测没错的话，她的兴趣也仅仅限于自己的家。“我很清楚地记得，我们开车去了另一个镇。到照相馆之后，他们给我换上了一件白色的绣花裙。”我猜这个女孩也是个视觉型的人。“在拍全家福之前，他们先让我和弟弟拍了张合影。”我们看出这是一个恋家的女孩，弟弟也是家庭中的一员，之后我们也许还会听到她和弟弟之间的事。“弟弟被放在我旁边椅子的扶手上，别人给他一个鲜红色的球拿着。”

她再次想起了那个气球，“可是我的手中，什么都没有。”现在我们看到这个女孩子努力争取的目标了。她告诉自己，她的弟弟比她更受人宠爱。我们猜测当她的弟弟出生时，便将她的地位取而代之，她可能对此非常不满，“他们叫我们笑”，她的意思是“他们想要使我笑。但是我有什么值得笑的？他们把我的弟弟摆上宝座，还给他一个鲜红的气球，可是他们给了我什么？”

“在接下来的全家福中，每个人都拍得很好看，只有我没有笑。”她对家人充满敌意，因为她感觉家人对她关心不够。在回忆早期记忆的时候，她没有忘记告诉我们家人对她的态度。

“当让他笑的时候，我的弟弟笑得好甜好甜。他真的很聪明。从此以后我便一直讨厌拍照片。”她的回忆让我们领悟到我们大多人应对生活的方式。我们得到一种印象后，总是喜欢用它来解释所有的行为。很明显，她在拍那张照片时觉得非常不愉快，此后便对拍照片充满排斥。我们经常发现当一个人讨厌某个东西时，就会到处找理由，通常他会从自身经验中挑选出足够的理由来证明。这段早期的记忆让我们了解到她两方面的性格：第一，她是视觉型的人；第二，她很恋家，这是更为重要的一点。她的早期记忆在家庭的小范围内，这表明她可能不能顺利适应社会。

5. “我记得最早的事是，在我三岁半左右的时候发生的一件事。我父母雇用的一个女孩将我们带到了地窖中，让我们尝了一下苹果酒，我们都很喜欢喝。”

发现在地窖中藏有苹果酒一定十分有趣，这也是一次探险。现在让我们猜测的话，可以做两方面假设：也许这个女孩喜欢新鲜事物，并且她在生活中很勇敢。或许她这话的意思是，到处都有倔强任性的人引诱我们，把我们引入歧途。以下的回忆也许能帮我们找到答案。“过了一会儿，我还想喝，所以我们就自己动手了。”可见，这个女孩勇气十足，她想要的是独立自主的生活。“不一会儿，我们的腿就不听使唤了，地窖也变得泥泞不堪了，因为我们把苹果酒洒的到处都是。”由此，我们看出了她是一个禁酒主义者！

“我不知道这件事跟我不喜欢苹果酒和其他酒精饮料有什么关系。”一件小事就会成为人生态度形成的重要原因。稍有常识的话，我们便不会认为这件事足以导致这种结果。而这个女孩心里却把它当成不喜欢酒精饮料的充足理由。我们也许会发现她是一个善于改错学习的人。也许她就是个性独立，知错就改。她的整个生活可能具有这种特征，好像在说：“我犯错了，但是我认识到了就勇于改正。”果真如此的话，她的性格就很好：积极、勇敢地努力奋斗、改善处境，并探索最佳的生活方式。

在以上的案例中，我们只是用推测的艺术来培训自己。其实，在我们确定自己的说法正确之前，一定要多了解人格的其他表现。让我们举几个实例，可以看出人格的一贯性，处处皆有体现。

一个三十五岁的男人，曾因为患有焦虑症来找我医治。他只要离开了家就会感到焦虑。他也曾试着出去工作，但是只要到了办公室，他就痛苦呻吟，狂躁不安，直到晚上和母亲坐在一起才好一些。当我问及他的早期记忆时，他曾说："我记得在四岁的时候，我坐在家里的窗户前，看着外面忙碌的人们，感觉很好玩。"他喜欢看别人工作，而自己只想在一边待着，在窗户边上观望。要想帮助他，就要让他摆脱不能和别人一起工作的想法。他一直认为自己只能受助才能生活，我们必须改变他这种观点。责怪他毫无用处，药物治疗或者切除腺体更是无济于事。但是，他的早期记忆告诉我们，建议他寻找一些感兴趣的工作较为容易一些。他喜欢观察，可是他有些近视，正是因为这一缺陷，使得他对事物的注意力更持久。在面对工作上的问题时，他总是在观察，而不是在工作。但是这两者并不总是相互矛盾。痊愈后，他开了一家画廊，用自己的方式在社会分工中贡献着自己的力量。

还有一位三十二岁的男人患上了失语症，前来就诊。他只能靠气息发声，不能正常讲话，这种状况已经持续两年时间。患这种病的原因是他不小心踩到了一块香蕉皮，倒地的时候撞上了出租车的玻璃。他接连吐了两天，并患上了偏头痛。毫无疑问，他得了脑震荡，可是他的喉咙并没有受到影响，所以脑震荡也不是他患有失语症的原因。他在最初的八周时间里完全不能说话。

为此他打起了官司，可是这个案件很难裁决。他认为这起事故中，出租车司机是完全责任人，所以他向出租车公司索赔。我们可以设想一下，如果他能够拿出一些伤残证明，也许情形对他会有利得多。我们不能说他不诚实，况且他也没有大声讲话的必要。也许在受了事故的惊吓之后，他的确发现很难开口讲话，而且他也尚未找出大声说话的理由。

这个病人曾经找过一位喉科专家，但是这位专家却找不出什么毛病来。当我们要求他说出最早的记忆时，他告诉我们："我躺在摇篮里，来回晃荡。我记得看到挂钩脱落了，摇篮掉下来了，我摔得很严重。"没有人喜欢挨摔，这个人却过分强调跌倒两次。他的注意力完全集中在跌倒的危险上，这是他的主要兴趣。"当我摔下来时，门开了，妈妈惊慌失措地跑进来。"他的摔倒引起了母亲的注意。但是他的回忆也是一种抱怨，"她没有把我照顾好"。同理，出租车司机和出租车公司也犯了同样的错误。他们都没有给予这位病人足够的关怀。

过于娇惯的孩子都有这种作风，他们总想让别人承担责任。在另一段记忆中他讲述了类似的故事。"我五岁的时候，从二十英尺高的地方掉了下来，一块很重的木板砸在了我身上。我有五分多钟的时间说不出话来。”可见，丧失语言能力对这个人来说是拿手好戏。他对此手到擒来，总是把原因归结在摔倒上。我们虽然认为摔倒并不是理由，但是他却这么认为。他对这种方法的运用经验老到，只要一跌倒，他立刻就会失语。

只有让他认识到自己的错误，让他明白摔倒和失语是风马牛不相及的两件事，尤其是让他知道车祸之后没有必要两年多的时间都要窃窃私语，他的病才会痊愈。这些记忆好像揭示了他不能意识到自己错误的原因，“我妈妈跑了出来，看上去激动万分”，他继续说道。这两次事故都把妈妈吓得够呛，也吸引了她的注意。他想得到宠爱，吸引他人的目光。我们应该明白，他想让别人为他的不幸付出代价。如果这些事搁在其他被宠坏的孩子身上，也会有同样的做法。但是，那些孩子却不会采取失语的手段。这是这个病人的特殊手段，是他建立起来的生活方式的一部分。

一个二十六岁小伙子由于找不到满意的工作，怨声载道地跑来找我。八年前，他的父亲把他安排在了一家经纪公司。但他一直不喜欢干这一行，最近他终于辞职了。他想另外再找份工作，却以失败而告终。他抱怨难以入睡，而且经常有自杀的念头。离开这个行当后，他曾经离家一段时间，在另一个城市中谋得了一份差事。但是，不久他听到母亲病重的消息，又回到家里了。

从这个故事中，我们不难想象母亲对他十分溺爱，可是父亲却对他专横跋扈。也许我们会发现他一生都在和父亲的威严对抗。当我们谈到家中的排行时，他说自己是最小的孩子，且是家中唯一的男孩。他有两个姐姐，大姐总喜欢命令他，二姐也有同样的毛病。父亲每天对他唠唠叨叨，他深深地感到被一家人压制，只有母亲是他的朋友。

他直到十四岁才开始上学。之后，他的父亲把他送进了一所农业学校，因为他计划购买一个农场，这样他才能帮上自己的忙。这个孩子在学校里的表现相当优越，可是他却下定决心不当农民。因此，他的父亲把他安排到了经纪公司。奇怪的是他竟然在这工作上熬了八年之久。但是他说这样做完全是为了母亲。

童年时，他邋遢又胆小，怕黑、怕孤单。当我们听到邋遢的孩子时，我们总替他找个人收拾东西。当我们听到怕黑暗和怕孤单的孩子时，我们总想看看谁能注意他、抚慰他。对这个年轻人而言，这个人就是他的母亲。他认为交朋友是很困难的事，但是当他周旋于陌生人之间时，却也觉得相当自在。他从没有谈过恋爱。他对恋爱不感兴趣，也不想结婚。他认为他父母的婚姻是不幸福的，从这一点我们就知道了，他为什么不想结婚。

他的父亲仍然逼着他，要他继续从事经纪工作。他自己很想进入广告界，但是他却坚信家庭不会给钱来支持他开创事业。在每件事上，我们都能看出他是在反抗自己的父亲。当他从事经纪工作时，他已经能够自立，可是他却没有想要用自己的钱来学习广告知识。他现在才想起来，可以以此对父亲提出新的要求。

从他的早期记忆中，我们可以清楚地看到他是一个被溺爱的孩子，反抗着严厉的父亲。他记得在父亲的餐馆打工的情形。他喜欢洗盘子，喜欢把盘子在桌子上搬来搬去。他的做法激怒了父亲，所以父亲当着所有顾客的面给了他一耳光。这一经历让他对父亲充满敌意，并且一生都在与父亲为敌。如今他依然没有诚心工作的意思，如果能以此伤害到父亲，那他就完全满足了。

他自杀的念头也很容易解释。每个自杀案件都是一种谴责。想要自杀时，他的意思是说："我父亲是这一切的罪魁祸首。"他对职业的不满也都归咎于他的父亲。父亲每提出一项计划，做儿子的便表示反对，但是娇生惯养的他，却又无法独立开创自己的事业。他并不是真的想工作，他只想游戏人间，可是他对母亲又心存依恋，所以他左右为难。然而，他对父亲的抗争又对他的失眠有什么影响呢？

如果他睡不着觉，第二天他就没有精神工作。他的父亲等他去干活，可是他却困得无法动弹。当然，他可以说："我不想干活，谁也不能强迫我！"但是，他必须考虑母亲和捉襟见肘的家庭。假如他索性什么都不干，他的家人会认为他已经无可救药，因而不再给他钱。他必须要找个借口，正好这个显而易见的毛病——失眠，不请自来了。

一开始，他说自己从不做梦。但是后来他回忆起了一个经常出现的梦。他梦见有一个人把球往墙上扔，于是球就弹开了。这似乎是一个很不起眼的梦。那么他的梦境跟生活有什么关系呢？我们问他，“然后呢？当球弹开时，你有什么感觉？”他告诉我们，“每当它弹开时，我就醒了。”现在，他揭示了失眠的整个框架。他把这个梦当作闹钟叫醒自己。他想象着每个人把他往前推，驱使、强迫他做不喜欢的事。他梦见有人朝墙上扔球，然后就醒了。结果就是第二天疲惫不堪。因为劳累就不能干活，而他的父亲迫切要求他去工作。用这种迂回的方式，他战胜了父亲。仅就他与父亲的对峙来说，能发明这套武器确实是聪明之举。然而，他的生活方式不管对谁来说都难言完美，因此，我们必须帮他改正。

当我给他解释了以后，他就再也没有做过这个梦，可是他却常常从半夜中醒来。他已经意识到了这个梦的目的，所以没有勇气再做这个梦了。但是，他仍然身心疲惫，第二天无法正常工作。我们该怎样帮助他呢？唯一的办法就是让他与父亲和解。只要他仍然将注意力放在激怒并打败自己的父亲上，那么谁都帮不了他。

开始，我们也按照惯例，承认他父母的做法欠妥当。我说：“你父亲这样做好像完全不对。他不应该那么专制，时时对你发号施令。他的做法确实不大明智。他也许也需要接受治疗，但是你能怎么办呢？要他改变无疑是奢望。如果天要下雨，你应该怎么做？你只有带把雨伞或者打车，对抗风雨或者想打败天气是毫无意义的。而现在的你就好比在和风雨抗争。你认为自己很强大，你相信自己已经胜利在望。但是你的胜利只会更强烈地伤害到自己。”我把他的所有问题都联系到了一起，他对工作的犹豫，自杀念头的产生，离家出走的行为，失眠的症状，这些行为都指向了一个问题：他通过惩罚自己来惩罚自己的父亲。

我还给了他一个忠告：“今天晚上要睡觉的时候，如果你认为随时都会醒过来，这样你明天就会很疲劳。你要想，第二天一大早你就又困又累，不能干活时，你父亲怒火冲天的情形。”我要他面对事实。他的主要兴趣在于惹怒并伤害他的父亲。如果我们无法制止这种争战，治疗便不生效用。他是个被宠坏的孩子，我们都能够看出这一点，现在他自己也明白了。

这种情况很像恋母情结（Oedipus Complex）。这个年轻人只想伤害自己的父亲，但是对母亲却非常依赖。但是，此事例与性无关。他母亲很宠爱他，而父亲对他却冷酷无情。他有过悲惨的经历，所以对自己地位的解读也产生了扭曲。他的思想跟遗传毫不相关，这不是一种野性的遗传问题，野人的这种本能会使他们猎食自己的酋长。归根结底，他的行为是自己的经历造成的。这种行为可能发生在任何一个孩子身上，只要他有一个宠他的母亲、一个粗暴的父亲，就如同这个年轻人的状况一样。如果这个孩子也反抗父亲，而自己又无法独立解决问题时，我们就能想到，他很可能也会采用这种方式。

第五章　梦

梦到底是什么

几乎每个人都做梦，但是了解梦的人却很少。这种状况可能会让人大吃一惊。梦是人类心理一种很常见的活动。人们对它一直很感兴趣，但是对于它代表的意义却一直迷惑不解。有许多人认为这种现象意义深远，它奥妙无穷又十分重要。从最远古的人类起，我们就能发现这种兴趣。然而，一般而言，人们对做梦时自己在干什么，或为什么会做梦等一无所知。据我所知，只有两种梦的解析理论是容易理解并且合乎科学的。这两种学派分别是心理分析的弗洛伊德学派和个体心理学派，它们都声称要理解和解释梦现象。在这两者之中，恐怕只有个体心理学家才敢说，他们的解释完全符合常识。

可以肯定，以往解释梦的尝试都是不科学的，但是它们也值得加以关注。至少，它们能揭示，以前人们把梦当作是什么，以及他们对于梦所抱的态度。既然梦属于人类心灵的一种创造性活动，如果知道了人们想从梦中得到什么，我们就了解了梦的目的。

在我们刚刚开始对梦进行研究之时就已经发现，人们总是理所当然地认为梦与未来有某种神秘的联系。人们一直以为在自己遇到困难的时候，会有神灵、仙人或者逝去的祖先在梦中出现，帮助他们。当人们遇到困难时，就希望梦给他们指点迷津。

解梦的古书把梦与某个人的命运联系到了一起。原始人认为梦是某种预示和征兆。希腊或埃及人常常到寺院中去求梦，希望神明在梦中给他们指点未来。这种梦被他们看作治病驱邪的良方。美洲的印第安人常常利用涤罪、斋戒、沐浴等方法把自己的梦引出来，并且按照梦的指示行事。在《旧约》中，同样记载着梦可以预示未来。即使现在，仍有人会认为梦中的事会在现实中发生。他们坚信梦中的自己是预言家，梦可以带他们进入未来的世界，并预料到将要发生的事。

从科学角度看来，这些观点着实可笑。从我对梦开始研究的那一刻就知道，人们在梦中的预测能力远远比不上清醒的时候。梦中的思想不会比醒着的时候更敏锐、更清晰，只能更加混乱和费解。然而，梦与未来有某种联系的传统观点也许并不完全错误。如果我们客观地分析，就可能找到解开问题的钥匙。梦在一定程度上，真的会为我们找到要走的路。显而易见，很多人都把梦视为问题的解决之道。我们可以推测出，人做梦是为了探寻未来的发展方向，是为了寻求克服困难的解决方法。但是说梦有着未卜先知的作用，未免有点牵强。我们还得自己去想用怎样的方法可以解决问题，最有希望在哪里获得这种解决方案。显然，梦中的任何方法都不如我们在深思熟虑之后得出的方法适用。所以，可以说那些靠做梦解决问题的人无异于白日做梦。

弗洛伊德对梦的理解

在弗洛伊德心理学派看来，梦是有科学意义的，但是弗洛伊德在解释这些观点的时候却将梦脱离了科学的范畴。比如，他在研究梦的时候将人的大脑在白天和晚上的活动差异作为前提，把“意识”和“潜意识”看成相对立的两面，梦的规律则与白天的思维截然不同。这些观点无论从哪个角度来说都是没有科学依据的。

原始人和古代哲学家在处理思想概念问题时，总是习惯于把它们放在两个极端进行研究，认为它们是完全对立的。在神经功能症人群中，这种简单对立或二元思维最为明显。这些人普遍认为左右、男女、冷热、轻重、强弱是相互对立的。但是从科学的角度讲，它们是可以相互转化的，并非对立。它们就像尺子上的刻度，只是按照相对的位置进行排列。好与坏、常态与变态当然也不是对立的，而是同一事物的变异。那么，把清醒和睡眠、白天的思维和梦中的思维完全对立，当然也就不科学了。

弗洛伊德学派的另一原创观点认为，应该把梦归于性的背景下。这一观点同样把人们的正常活动与梦境分离开来。如果这种观点正确，那么梦就不是人格整体的表达了，而只是其中的一部分。弗洛伊德学派也承认上述观点有所欠缺，但是弗洛伊德则认为人在梦中还会有一种死亡的愿望。也许这种观点有其正确性。之前我们提到，梦的目的之一是找到解决问题的方法，但这也表明了个人勇气的不足。据此来说，弗洛伊德的定义过于隐晦，他无法让我们探寻整体人格是如何通过梦境反映出来的，并且梦又好像完全脱离了现实生活。不过，在弗洛伊德的观点中也有一些很有趣的、有价值的线索。比如，梦的内容并不是最重要的，重要的是它身后潜藏的思想，这一点对我们很有用处。在个体心理学中，我们也有类似的观点。心理分析学派忽视了科学心理学的前提——人格的整体性和个人行为的一致性。

这种缺点可以从弗洛伊德学派对几个关键问题的解释中看出来。“梦的目的是什么？我们为什么会做梦？”心理分析学派的回答是：“为满足个人没有实现的愿望。”但是，这种观点并不能解释一切。假设一个梦是扑朔迷离的，或者某个人忘记了它，又或者无法理解它，哪还有满足可言？每一个人都会做梦，但是几乎没有人了解自己的梦。这样，我们从梦里又得到些什么快乐？如果我们能把梦中的人生和白天的生活完全分开，并能理解梦的满足不切实际的话，我们也许就能了解梦对主人公的作用。但是这样一来，我们便丧失了人格的统一性。梦对清醒状态的人也就毫无用处了。从科学的观点看来，人在做梦和清醒时都是同一个人，梦的目的也必须适用于人格的统一性。

然而，有一种类型的人，我们无法把他梦中实现的愿望和他的整个人格联系起来。那就是被惯坏的孩子。他们会常常问：“我怎样做才能让愿望得到满足？我可以从生活中得到什么？”这种人会在梦里寻找想要的东西，其他方面的表现也是如此。如果我们仔细研究弗洛伊德的观点就会发现，他所讲的只是被惯坏的孩子的心理学，他们认为自己的本能不容受到限制，并且认为其他人都没有存在的必要，他们也常这样问：“我为什么要爱周围的人？难道他们爱我吗？”心理学分析学派对被惯坏的孩子做了极其细致的研究。但是他们获得满足的方式只是无数追求优越感的手段之一。而且，这种追求也不是他们人格表现的主要动机。如果我们真正知道了梦的目的，也就知道了被遗忘的梦或者令人费解的梦所起的作用了。

个体心理学对梦的探究

在二十五年前，我刚刚开始研究梦的意义时，它成了最让我困惑的问题。我认为，梦中的生活和清醒时的生活是一致的，它们之间并不是对立的关系。如果白天我为了达到某种目的而刻苦钻研，那么晚上的梦境中我会思索同样的问题。人们在梦中也会向着目标奋勇前行，仿佛在梦中也要追求优越感。所以，梦一定是生活方式的产品，它有助于某种生活方式的建立，并使之付诸实践。

强化人生态度

有一种事实能帮助我们弄清梦的目的。我们做梦，但是早上醒来后，我们通常都把梦忘掉，似乎不留一丝残痕。但这是真的么？真的什么东西都没留下吗？当然不是。我们还留有梦所引起的许多感觉。梦中所有的景象已经消失，梦中的事件也随之而去，留下来的只有一些感觉。梦的目的必然在于它们引起的这些情绪。可见，梦只是引起这些情绪的一种方法、一种工具而已。

个人的情绪和他的生活方式必然保持一致。梦中的思想和清醒时的思想并没有绝对的差异，它们之间没有严格的界限。如果将它们之间的差异做一下概括，即梦中的思想与现实有一定的差异，但是它并不是脱离现实的。我们睡觉时，仍然与现实保持联系。如果白天我们被某种事烦扰，那么梦中同样会被它困扰。在梦中我们不让自己从床上掉下来，能下意识挪动身体，这也说明睡梦和现实是相联系的。一个母亲可以在喧闹的大街上睡着，但是孩子一个轻微的动作就会将她惊醒。这就说明即使在梦中，我们仍与外界保持接触。但是，虽然感官还有知觉，却已经弱化了，所以我们和现实的联系也自然就减少了。在做梦的时候，我们都是独处的，社会的压力不再沉重，我们对周围的环境的警惕性也有所放松。

只有在毫无压力，真正有了解决问题的办法之后，我们的睡眠才会不受干扰。而梦是对平静睡眠的一种干扰。所以，可以这样说：只有在我们无计可施、压力重重，现实问题接踵而来之时，我们才会做梦。梦的任务就是应付难题，并提供解决办法。由于在梦里不能全盘考虑，问题会显得容易对付，其解决方案也只要求自身做出最少的努力。梦的目的是支持自身的生活方式，并激发与之相适应的情感。生活方式为什么需要支持呢？它容易受到什么东西的攻击呢？对其迎头痛击的就是现实和常识。因此，梦的目的就是抵抗常识的进攻，来支援生活方式。这就给了我们一个有趣的见解。如果某个人不想通过常识来解决问题，他可以用梦引发的感觉来坚定自己的态度。

这样看来，这种行为似乎和我们清醒时的生活是矛盾的，但其实并不矛盾。我们在睡觉时的感觉和清醒时的感觉仍是一致的。如果在遇到困难的时候，某人不想按照常理办事，那么他就会找到各种理由为自己的做法辩解，来证明自己选择的正确性。比如，一个人想不劳而获，不为社会做贡献，那么赌博对他来说就是一个机会。他也明白很多人都因赌博输得精光，可是他仍抱有侥幸心理，发财致富，逍遥度日。会怎么做呢？他满脑子都是暴富后的场景——买豪华汽车，住奢侈豪宅，成为声名显赫的富豪。这些幻想的场景激励着他前进。最终，他违背常识，走上了赌博的道路。

类似的事也会发生在我们的日常生活中。在我们工作的时候，如果有人告诉我们有一部戏剧很好看，我们就想立马放下手中的工作去观看演出。处在热恋中的男女也会想象自己的未来生活。如果他确实对感情投入，那么他所设想的画面必定是美满幸福的。如果他对未来很悲观失望，那么他们的未来就蒙上了一层阴影。不管怎样，他的感觉会不断地得到刺激，通过他的感觉，我们可以判定他属于哪种类型的人。

如果梦醒之后，我们除了感觉，什么都没有留下，那么对常识又有什么影响呢？梦是常识的敌人。如果我们稍加注意，就会发现那些不受感情蒙蔽、只按照科学规律办事的人很少做梦或者几乎不做梦。另外一些人则背离常识，不喜欢用正常、有效的方法去解决问题。常识是合作的一个组成部分，缺乏合作素养的人不喜欢常识。这样的人频繁做梦，他们害怕自己的生活方式受到抨击，也想逃避现实生活中的挑战。所以，我们可以这样说：梦填满了生活方式和现实问题之间的鸿沟，这样生活方式就无须改变了。

生活方式是梦的主宰，它可以激起人的某种情绪。我们发现，一个人的其他表现和特征同样会出现在梦中。不管是否在做梦，我们处理问题的方式总是固定的，但是梦却为我们的具体做法提供了支持和理由。

如果这种观点正确，我们在理解梦的征程上，又迈出了全新的一步，也是最重要的一步。在梦里，我们欺骗着自己。每个梦都属于自我陶醉，自我催眠。它的唯一目的就是引起一种心境，让我们准备应付某种问题。其中，我们会看到和个人日常生活完全相同的人格。此外，我们还会看到他在大脑的工作，仿佛正准备着他将在白天用的那些情绪。假使我的说法没有错，那么在做梦的过程中和其中所使用的方法，都能看到自我欺骗。

我们发现了什么呢？首先，我们发现了某种对梦中景象、事件、意外事故的选择。以前，我们也提过这种选择。当个人回顾过去时，他把自己经历过的景象和事故重新加以整编。我们说过，他的选择是顺着自己意思的。他从记忆中选出的，只是能够支持他优越感目标的事件。同样，在梦的构成中，我们也只选出和行事方法一致的，又能反映生活方式要求的事件。选择的意义只不过是生活方式与现实困难之间的关系。在梦中，生活方式可以我行我素。但是，解决现实中遇到的困难时，我们必须借助常识，然而生活方式却仍然不肯让步。

象征与隐喻

梦的构成要素是什么？从古时候起，人们便已经发现，梦主要是由隐喻和象征构造而成的。当代的弗洛伊德也特别强调了这一点。正如一位心理学家所言："在梦里，我们都是诗人。"然而，梦为什么不用简单干脆的语言，而要用隐喻和诗来表达？假如我们不用隐喻和象征，而是坦率地说出，我们便无法避开常识。隐喻和象征可以是荒诞不经的，它们能把不同的意义联系起来，它们也能够同时代表两种事物，而其中之一很可能是不合逻辑的。

它们可以引起某种感觉。而且我们在日常生活中又常会遇见。当我们想纠正别人时，我们会说："别跟孩子一样！"我们会问："干吗哭呢？难道你是女人吗？"当我们使用隐喻时，为了表达自己的感情，常常将两种毫不相关的东西联系在一起。当一个彪形大汉和一个小矮子生气时，他可能会说："你是一条毛毛虫，只配在地下爬。"用这种隐喻，他成功地表现了他的愤怒。

隐喻是一种很巧妙的表达方式，我们可能会利用它自欺欺人。当初荷马就用了一种过于夸张的手法来形容希腊军队像雄狮一样横扫战场时的情景，给我们头脑中留下了雄壮的场面。你认为他真的想详细描写那些满身污垢、满地乱爬的可怜的士兵们吗？不是的，他想让士兵们像雄狮一样勇猛。我们知道他们不是雄狮，但是如果诗人据实描写，他们气喘吁吁、汗流浃背，然后偃旗息鼓，最终才又鼓起勇气。叙述他们身着破旧的盔甲，以及躲避危险的情景，这样细数他们战争中的细节，还会给我们留下如此深刻的印象吗？隐喻是抒发美好、激发幻想和想象力的。但是必须注意如果生活方式不正确的人掌握隐喻和象征的话，将是一件危险的事情。

一场考试对一个学生而言，再寻常不过了，他只需运用常识勇敢面对就行了。但是，如果他存有逃避的习惯，他就可能梦到自己上战场。他将如此简单的事用隐喻的方式表达出来，就为他的逃避提供了充足的理由。或许他还会梦到自己站在悬崖边上，必须往后退，否则就有可能掉下万丈深渊。他必须创造出一种心境帮自己逃避考试，因此他用悬崖来比拟考试，以此来欺骗自己。同时，我们还会发现梦中常用的另一种方法：当遇到问题时，先将它精简压缩，直到剩下整个问题的一部分，然后再以隐喻的形式将其他部分表达出来，并当作原来的问题来处理。

例如，另一个学生可能比较勇敢而有远见，他希望能完成学业并通过考试。然而，他仍然渴望能获得支持，并借此收获信心——他的生活方式需要这些东西。考试前的一个晚上，他梦见自己站在一个山顶上。他所处的情境是非常简单的。他全部的生活环境只有最小的一部分表现出来了。对他而言，这场考试意义重大。它的许多方面都被排除掉了，剩下的只有他集中注意于成功的展望上，这样，他便激起了对自己有利的感觉。次日清晨，他起床时觉得精力充沛，心情愉悦，而勇气更胜往昔。他已经成功地把面对的困难最小化了。可是，尽管他获得了信心，但是他仍然欺骗了自己。他不是运用常识，全心全意地面对这个问题，他只是激起了一种自信的心境而已。

特意去激发自己感觉是很正常的一种行为。当人想要跳过一条小河时，总会先数一、二、三。难道数数真的很重要吗？跳过小河与读数真的有联系吗？其实没有任何关系。但是读数却可以激起他的某种情绪，让他的力量汇集起来。在我们的头脑中已经有了某种生活方式，但是要想使它得到强化，方法之一就是激发自己的情绪。我们每天都在为此而努力，但是也许在梦中的它会表现得更加清晰。

下面让我们举个例子来看一下，人是怎样用梦来欺骗自己的。在一战期间，我在一所专门治疗神经功能症患者的医院当院长。当遇到那些惧怕战争的士兵时，我会找一些简单的事情来帮助他们。这对于减轻他们的压力十分管用。一天，我接待了一名士兵，他是我在这里见过的最健壮的人。我给他做检查时，他显得很失落，我不知道该怎么医治他。我当然想把前来就诊的所有士兵送回家，但是这必须经过高级将领的批准，并且我也不可能照顾到所有的战士。对于这个士兵的病症我有些难以确定，但是检查完，我还是告诉他："你神经有点过敏，但是你很健康，很强壮。我可以让你做点简单的事情，这样你就不用上战场了。"

这个士兵可怜兮兮地说："我只是一个穷学生，还得靠兼职教几个学生来养活我的父母。如今我不能再教书了，他们就会挨饿。如果我无法帮他们，他们就会死的。"我想应该帮他找个轻松点的工作——把他送回家，推荐他在机关中任职。但是，我担心这样的诊断书会惹恼那位高级军官，恐怕会一怒之下把他送上前线。最后，我决定尽自己所能地照实填写，证明他只适合于保卫工作。

回家的当天晚上，我就做了一个噩梦。梦中的我成了一名杀人凶手，一面疯狂地在黑暗狭长的街道上奔跑，一面极力回想杀了谁，可是无论如何都想不起来，但感觉告诉我："我的确杀了人。我的生命也要结束了，一切都完了。"因此，我在梦中呆若木鸡，冒出阵阵冷汗。

醒来后，我的第一个念头是："我杀了谁？"我马上便想起："假如我不把那个年青士兵安置在军事机关中服务，他可能会死在前线上，那么我就成了凶手。"可以看到我如何激起一种心境来欺骗我自己。我不是凶手，如果这件不幸的事真的发生了，我也没有罪。但是，我的习惯却不容许自己冒这个险。我是医生，我的责任是挽救生命，不是把人推进火坑。

我再度想起假如我给他一份轻松的工作，上司也有可能送他上前线，这样会把情况搞得更糟。我终于拿定主意，如果要帮助他，唯一要做的就是遵从常识的判断，不让它扰乱我的生活。因此，我还是证明了他只能担任保卫工作。以后发生的事情证明：遵从常识是上策。那位军官看了我开的诊断书后，把它往桌上一扔，我想"现在他要把这个家伙送到前线了。看来我是应该写明派他到机关去的"。但是，他却批道："军事机关服务，六个月。”最后，我才明白了：原来那位军官受了贿赂，有意要调他到轻松的单位。那个年轻人从来没教过书，他说的也没有一句实话。他编了个故事，是要我证明他只能做些轻松工作，以便让那位军官能在诊断书上做批示。从那天起，我认为还是不要做梦的好。

梦的作用就是欺骗和迷惑人，因而，它难以琢磨。由此，我们应该将梦搁置一旁，按照常识办事。如果我们理解梦的话，就不会受梦境的欺骗了，它们就再也不能调动我们的情绪了，那么其目的就无从实现了。

梦是现实问题和生活方式之间的桥梁，但是生活方式无须强化。我们应该直面现实。梦的种类千差万别，它表明了当某个人面对困境时，生活方式需要支持的时机。因此，对梦的解读也因人而异。象征和隐喻没有固定的理解模式，因为梦是生活方式的创造物，是在个人对特定情境的解读中抽取的。在本文中，我描述了几种典型的梦，并无意提出解释梦的经验法则，只希望帮助人们理解梦和它的意义。

梦境解析

很多人做过会飞的梦。这和其他的梦一样，同样是为了激起人的某种感觉。它们留下了一种轻松愉快的情绪。它把人从低处带向高处。它们把克服困难和追求优越感看作是很简单的事。它们让我们把自己想象成一个勇敢无畏、高瞻远瞩、壮志凌云的人，即使在睡梦中我们也不会忘记自己的目标。这样的梦暗示着一个问题："我应该继续向前还是止步？"答案则是："我的前途畅通无阻。"

同样，梦到自己从高处跌落的人也是为数很少的。这是值得关注的，它说明在人的头脑中，充满了自我保护的心理和对失败的恐惧，同时缺少克服困难的勇气。如果我们平时常常告诫孩子保持警惕，就很容易理解这种梦境了。人们常常对自己的孩子说："不要爬椅子，不要动剪刀，别玩火。"孩子常常被这种虚幻的危险包围，当然也有真的危险。但是，把孩子吓得胆小如鼠，是无法帮他应对真正的危险的。

当我们梦到自己瘫痪或者赶不上火车时，其内在意义是：“如果我不用费力就可以解决这个问题，该有多好呀！所以我一定要绕道行走，我要故意迟到，免得再遇到这类问题。我就是要错过时间，让火车离我远远的。”

有许多人梦见过考试。有时，他们会很惊讶地发现这么大年纪竟然还去参加考试，而且是他们很久以前便已经通过的一门科目，现在又通过了考试。对某些人，这种梦的意义是：“你还没有准备好对付眼前的问题。”对另一些人，也许会是这样：“以前也许你通过了，但是你必须接受眼前的考验。”一个人的象征意义和另一个人的绝对不会相同。关于梦，我们必须首先考虑的是它留下来的情绪，以及它和整个生活方式之间的关系。

我曾治疗过一个三十二岁的神经功能症患者。她在家里排行老二，跟大多数次子一样，她有着雄心壮志。她事事想争第一，想让所有问题得到完美的解决。她来找我时，精神几近崩溃。她爱上了一个比她大的已婚男人，这个男人在事业上一败涂地。她想过嫁给他，可是他却没法跟妻子离婚。后来，她做了一个这样的梦：她在乡下的时候将自己的公寓租给了一个男人，这人搬进来不长时间就结婚了。但是这人却付不起房租，他不大诚实，还很懒惰，所以，她将那个男人赶走了。我们可以很快看到，这个梦和她的现实有着很大的关系。她在犹豫自己要不要嫁给这个事业受挫的男人。这个男人很穷，无法养活她。有一次，这个男的带她出去吃饭，却没钱付账。这就更容易让他和梦中的那个男人相比。这个梦给了她不能结婚的感觉。她是一个有远大志向的女人，她不想一生跟随一个贫穷的男人。她用了隐喻的方法问自己："如果他是租住我房子的人，当没有钱付房租时，我该怎么办？"答案就是："他必须搬出去。"

然而，这个已婚男人并不是她的房客，拿他们互相比较可能并不合适。供养家庭的丈夫和付不起房租的房客也不一样。可是为了要解决她的问题，为了要更自信地遵守她的生活方式，她给了自己一种感觉，"我不能和他结婚。"用这个方法，她避免以常识的方式来处理这个问题，而只选出了其中的一小部分。同时，她把爱情和婚姻的整个问题简化到最小，以便它们能够嵌入这个隐喻，"一个男人租了我的公寓，如果他付不起钱，他必须滚蛋"。

因为个体心理学的治疗方法一直致力提升个人应对生活的勇气，所以在治疗过程中，梦境会发生变化，慢慢变得充满自信。一个忧郁症患者在即将痊愈时，做了这样的一个梦："我一个人坐在长凳上，暴风雨突然来了。幸运的是，我很快跑进了丈夫的房间，因而没有被它袭击。然后，我在报纸的招聘栏中帮他找了一份合适的工作。”这个病人也能理解这个梦的含义。这表明她想和丈夫和好如初。最初，她抱怨丈夫无能、不思进取，连养家都困难。而从梦中我们可以看出，她懂得了：“和我丈夫在一起总比独自面对困难好得多。”也许我们会同意她的看法，但是她向丈夫妥协的做法仍然隐含着一种不甘，就像焦急的娘家人替她出的主意一样。她过于强调自己的危险，并且还没有做好与丈夫合作的准备。

一个十岁的小男孩被带到我的诊所来治疗。老师说他是一个卑鄙的孩子，经常陷害其他同学。他在学校中将偷来的东西放在别人的课桌里，让别人受到惩罚。这种现象只有在他技不如人时才会发生。他想羞辱其他人，证明别人阴险狡诈，而不是他。如果他的想法的确如此，我们便可以估测，他的行为肯定受到了家庭环境的影响，他想让家里某个人因此而内疚。这个十岁的孩子曾因为向一位孕妇扔石头引起了麻烦。也许在他这个年龄，已经明白怀孕是怎么回事。我想他应该是讨厌怀孕的，还要看他是否有弟弟妹妹，或许他们的到来让他感到不开心。在老师口中，他是“害群之马”，他常常骚扰别的孩子，给他们起外号，在背后说别人的坏话，他还会追赶甚至欺负小女孩。我想他很可能有一个被他视为敌人的妹妹。

后来我们弄明白了，他是家中的长子，还有一个四岁的妹妹。从他母亲口中得知，他对妹妹很好。这一点实在出乎我们的意料——这样的一个孩子不可能爱他的妹妹，之后的调查会证实我们的怀疑。他的母亲还说，她和丈夫的关系非常融洽。对于这个孩子而言，的确令人遗憾。对他所犯的错，他的父母显然没有任何责任，他的邪恶也许源于他自己的本性、也许来自宿命或是某个遥远的祖先！

我们常常听说这样的例子：幸福的婚姻，优秀的父母，令人厌烦的孩子。教师、心理学家、律师、法官常常遭遇这样令人遗憾的事情。实际上，这种看似“美满的婚姻”常常给孩子带来很严重的问题，如果他看到母亲对父亲关爱有加，就会心生怨恨。他想让母亲将爱全部集中在自己身上，并且不想让母亲关心其他人。美满的婚姻对孩子的成长不利，当然不幸的婚姻会更为不利，我们应该怎么解决这种问题呢？就第一种孩子而言，我们应该培养他的合作精神，必须把他带入真正的婚姻中，从而避免他只关注一个人。这个孩子被宠坏了，他想夺取母亲所有的爱。一旦觉得母亲的关注不够，他就会不断制造麻烦。

我们马上就发现了证据。这位母亲从来不自己责罚这个孩子，她总是等父亲回来惩罚他。也许她心太软，觉得只有男人才配发号施令，只有男人才强大到可以去处罚别人。也许她希望这个孩子依附于她，并且生怕失去他。无论如何，她把孩子带得对父亲没兴趣，不愿和他交流，并且经常和他发生摩擦。我们还听说，虽然他的父亲全心全力地照顾着家庭，但是由于这个孩子，他在一天工作结束之后，总是不想回家。他处罚孩子相当严厉，常常对他拳打脚踢。据说，这个孩子却并没有因此而憎恨他的父亲。这也是不可能的，这个孩子并不是低能儿童。他已经学会了如何巧妙地隐藏自己的情感。

虽然他很喜爱妹妹，却又经常对她拳打脚踢，根本不跟妹妹好好玩。晚上，他只能睡在餐厅的沙发床上，而妹妹却睡在父母房间的儿童床上。如果我们设身处地地替这个男孩想一下，父母房间的婴儿床肯定也会搅得我们心神不宁。我们试图去思考、去感受、去理解他，这个孩子也想被妈妈关注，可是晚上妹妹却跟妈妈靠得这么近。因此，他必须设法靠近母亲。男孩的身体很健康，出生时是顺产，吃了七个月的母乳。可能他的胃不太好，因为当他突然改用奶瓶时，他吐奶了，一直持续到了三岁。虽然现在他饮食良好，营养充足，但是他对自己的胃一直耿耿于怀。他以为这是自己的一个弱势。现在我们更能理解他向孕妇扔石头的原因了。他对于饮食非常挑剔。他不喜欢家里的饭菜，他的母亲就给他钱，让他到外面买自己喜欢吃的。然而，他还是到处对邻居们宣扬，父母经常让他挨饿。这类把戏他已经练得炉火纯青了，他重获优越感的方法就是诋毁别人。

现在，我们已经可以了解他到诊所来时所说的那个梦了。“我是西部的牛仔”，他说：“他们把我赶到墨西哥，我必须自己一路奋战，才能回到美国。有一个墨西哥人想拦住我，我就在他肚子上踢了一脚，”这个梦的意义是：“我被敌人包围。我必须浴血奋战。”在美国，牛仔被当作英雄人物一样崇拜，他以为追赶小女孩或踢别人的肚子都是英勇的体现。我们已经看到，肚子在他的生活中扮演了重要的角色，他把它当作容易受伤的要害。他的胃一直不好，他的父亲也患有神经性胃病，并且一直在抱怨。可见，在这个家庭中，肠胃占有很重要的地位，小男孩的目的就是攻击别人的要害。

从他的梦中和行动上，我们都可以看出他的生活方式。如果我们不把他从生活的梦境中唤醒，他会一直这样生活下去。他不但与自己的父亲、妹妹、其他小孩，尤其是女孩作对，还会向那些阻止他的医生宣战。梦里的冲动会促使他继续自己的行动，他要成为一个英雄，他要征服别人。除非让他认识到自己是在自欺欺人，否则他便无药可救。

我在诊所中向他解释了他的梦。梦中的他生活在一个充满敌意的国家，那些想阻止他、惩罚他的敌人都是墨西哥人。等他再次来到我的诊所，我们问道：“从上次见面到现在，你觉得自己有什么变化吗？”

“我以前是一个坏孩子，”他回答道。

“你以前都做过什么？”

“我欺负比我小的女孩。”

这并不是在悔罪，更像是在炫耀武力。诊所的人们都想帮他改正，他却认为自己一直都是个坏孩子。他似乎在说：“别想改变我，我会踢你的肚子！”我们该拿他怎么办呢？他仍然在做梦，仍然扮演着英雄。我们必须先消除他由这个角色所获得的满足感。“你难道认为，”我们问他“英雄真的只会追小女孩吗？这也算得上英雄吗？如果你要当英雄就该去驱赶那些身高体壮的女孩子！否则你就不要追赶女孩子！”这是治疗的一方面。我们必须让他认识清楚，让他放弃这种自讨苦吃的生活方式，就像谚语说的“往他汤里吐口痰”。这样的话，他就不再迷恋这口汤了。另一方面是要激励他合作，找到人生的意义。没有人会去做一些没有意义的事，除非他觉得积极进取一定会失败。

一位独居的二十四岁女孩，从事着一份秘书工作。她抱怨说她的老板是个欺软怕硬的人，这让她难以忍受。她还觉得自己不会有朋友和真正的友谊。从经验中我们能够得出：一个人如果无法获得朋友，是因为他的支配欲望太强烈，他只关注自己，他的目的也只是在于显示自己的优越感而已。可能她与她的老板是一种类型的人，想操纵控制他人。这样的两个人碰到一起，必定会火星四射。这个女孩兄弟姐妹七个，她是家中最小的，也是家里的宠儿。她的外号叫“汤姆”，可见她很想让自己成为男孩子。这就让我们更加深了怀疑，她追求的优越性就是要控制他人。也许她认为男人就可以控制他人，并且不受他人的控制。她很漂亮，她认为别人喜欢她，就是因为她甜美的长相，所以她一直很怕面目受损或者毁容。在这个时代，漂亮的女孩容易给人深刻的印象，也更容易控制他人，对此她也心知肚明。然而，她希望当个男孩子，并用男人的方式来驾驭别人，因此她也不会因为自己的美丽而得意扬扬。

她记得最早的事是曾受过一个男人的惊吓，她承认现在仍然害怕遭到那些盗贼或疯子袭击。她既然想成为男孩，却害怕盗贼和疯子，这的确令我们有些不解。但是，仔细想想就会觉得并没有什么稀奇的了。正是因为这样的恐惧，才使她有了这样的目标。她想置身于一种受自己掌控的环境中，避开其他各种情景。她无法控制那些盗贼或疯子，所以她想把那些人彻底消灭。她想摇身一变，成为男人。如果失败，她就会对环境漠不关心，甚至装聋作哑。我们把这种对女性角色不满的现象称为“男性倾慕”（Masculine Protest），她还会有这样的感慨——“身为女人，我要克服种种困难，就要像男人一样去战斗”。

其实这就是她的生活方式，她想要的就是这种感觉。可是，她认为自己的位置并不稳固，别人也应该注意到她的危险。别人应该对她悉心照顾，这样她才可以继续站在别人的头顶上。然而她觉得在水中游泳并不安全，这就是她的全部故事。她已经锁定目标："虽然我身为女孩，但我想成为男人。"她也和其他最小的孩子一样，志向远大。但是她只想获得优越的地位，而不是要适应环境，并且她一直生活在恐惧和失败之中。如果要帮助她，就要让她适应女性的角色，消除对男性的恐惧和过高的期待，并要她平等友好地对待周围的人。

有一个女孩在十三岁的时候，弟弟在一次意外事故中死了。她最早记得这样一件事："我弟弟在刚学走路的时候，有一次，他抓住一把椅子想向上爬，可是椅子倒了，砸在了他身上。"这是另外一次事故，由此我们可以看出她对生活中的危险充满恐惧。她说："我常常做一个非常奇怪的梦：我在大街上走着，路面上有一个大坑，我却没有看见。往前走着，我就掉了进去，坑里满是水，刚碰到水，我就打了个冷战，马上醒了，心脏狂跳不止。"

其实，这个使她迷惑不解的梦并没有什么奇怪之处。可是如果这个梦挥之不去，对她来说就是神秘莫测的。这个梦是在提示她："小心，生活中有很多危险，你却对此一无所知。"但是，它实际意义远大于此。如果你没有什么地位，就不会掉下来；如果她有掉下来的危险，就证明她一定认为自己凌驾于他人之上。所以，在这个例子里，她好像在说："我地位很高，我要时时小心，千万别掉下来。"

在另一个例子中，我们将观察同样的生活方式是否会在最初记忆和梦中发挥作用。有个女孩子告诉我们："我很喜欢看人家建造房屋。"我们猜测：她是很愿意合作的。一个小女孩当然不能参加修房盖屋的工作，但是从她的兴趣中，可以看出她喜欢分担别人的工作。"那时，我是个小孩，站在一扇很高的玻璃窗前，那些玻璃方格仍然历历在目，就像昨天刚见过一样。"如果她注意到窗子很高，在她心中已经有高矮对比的印象了。她的意思是："窗子很大，而我很小，"听到她感觉自己很小，我并不奇怪。正因为如此，她才会对大小的对比这么敏感。她之所以说清楚地记得这件事，只是夸口而已。

现在，让我们讨论一下她的梦，"我跟好几个人一起坐在一辆汽车里"，正如我们想象的，她具有合作精神，所以很喜欢和别人在一起。"我们一直开到丛林前面才停下来。每个人都跑下车，往树林里钻去。大多数人都比我长得高"。她又一次注意到了大小。"我追上了他们，跟着进入了一个电梯，接着电梯降到了一个十英尺深的矿井中。我们想，如果我们走出电梯，肯定会吸入毒气的"。她描述着危险，人类并不总是英勇无畏的。"后来，我们安全地走出了电梯。”从这里我们可以感受到她的乐观精神。如果一个人乐于合作，那么他必定会勇气十足、积极乐观。“我们在那里玩了一分钟，然后又坐着电梯上来了，很快地跑回了汽车里。”我确认这个女孩非常喜欢合作，但是她仍然希望自己长得更高大一些。我们可以发现她有一种压力，因为她经常踮着脚走路。但是由于她对人友好热情，善于团结协作，这种压力就被抵消了。

第六章　家庭的影响

母亲的作用

从出生的那一刻起，婴儿就设法与母亲建立联系。这就是他行为的目的。在此后很长一段时间里，母亲在婴儿的生命里扮演着最重要的角色。婴儿此时完全依靠母亲。因此，合作能力由此发展起来。母亲是婴儿第一个接触的人，也是除自身外第一个感兴趣的人。母亲是社会生活的第一座桥梁。婴儿如果完全无法与母亲或其代替者建立联系，一定会死亡。

这种联系极其紧密，其影响又十分深远，以至于在多年之后，我们仍然不能指出哪些特征是受遗传的影响。遗传的倾向都经过母亲的改造、训练和教育，已经面目全非了。母亲的技能深刻影响了孩子的全部潜能。我们所说的母亲的技能指的是与孩子的合作能力以及吸引孩子的能力。这种能力并没有统一的模式。每天都会有新的情况出现，其细节又千头万绪，所以对孩子的需要，她必须运用自己的洞察力和理解力。只有母亲真正关爱自己的孩子并全神贯注地赢取孩子的爱，同时保障孩子的利益时，她才会拥有这种技能。

我们可以从母亲的所有活动中看到她的态度。母亲有大把的机会和孩子建立联系，比如抱孩子、背孩子、与他谈话、给他洗澡、喂他吃饭等等。如果她对这些事不熟悉或者没有兴趣，就会显得很笨拙，孩子就会对她产生抵触。如果母亲从不给孩子洗澡，孩子就会觉得洗澡是很令人厌烦的事。这样，母子之间就不会建立联系，孩子还会想着逃避母亲。所以，母亲对孩子的一举一动以及一颦一笑，都应该十分娴熟。她照顾孩子或者让孩子独处，都应该恰到好处。她必须总揽全局——新鲜空气、室内温度、营养成分、睡眠时间、个人习惯以及整洁状况等等。

母亲要懂得照顾孩子，并让他学会独处，还要为他考虑空气、室温、营养、睡眠、生理健康和卫生清洁等方面的因素。她时刻都在给孩子提供机会，让孩子喜欢她或者讨厌她、亲近她或是排斥她。在每种情况下，她都为孩子提供了爱恨喜憎、合作与否的表达机会。

其实，母亲所需的技巧并不神秘。它是长期观察和训练的结果，其准备过程很早就开始了。我们观察女孩对弟弟妹妹的态度，以及她们对于婴儿的兴趣，或者对女性分工的关注便可看出端倪。男孩和女孩的教育方法应该有所不同，否则就不能视为明智之举。如果我们希望培养出有技巧的母亲，那么从小就要培养女孩的为母之道，让她们希望成为母亲，并且视之为具有创造性的工作，不至于面对这个角色时倍感失望。

但是很不幸，在我们的文化里，作为母亲的女性的价值经常遭到忽视。如果人们重男轻女，男孩自然会比女孩受宠，那么女孩就不会喜欢母亲的角色，因为谁都不甘心居人之下。当她们结婚后，同样会对生孩子产生抵触心理。她们并不想要孩子，对孩子也没有特别的期待，因为她们并不觉得做母亲是一件伟大且有创造性的事。这个问题可能是我们社会最大的问题，却遭到无视。女性对母亲角色的态度与整个人类社会命运紧密相连。

然而，几乎在每个地方，生活中的女性都被轻视，她们地位低下。即使在童年时期，男孩子们也常常把家务事看作是奴仆的工作，他们的尊严似乎不容许他们插手家务。人们经常都不把整理家务当作是女性的一大贡献，而是视为贬低女性的一种苦役。如果女人真正能够把家务事看作是一种艺术，她能从中获得乐趣，并能使家庭生活变得轻松愉快、丰富多彩，这样的工作比其他任何职业都毫不逊色。反过来说，假如把它当作是男人不愿干的下贱工作，那么女人必定会抵触它们，抗拒它们，并设法证明（其实这是很明显的事实，根本无须证明男女是平等的）她们应该被赋予发挥潜能的机会。潜能必须通过社会情感才能发挥出来，社会责任感会将它们导向正途，使它们在发展时免受外来的影响。

如果我们贬低了女性的价值，那么婚姻的幸福也就无从谈起了。如果女人认为养育孩子是很低贱的事，就不会训练出这种技巧，也不会全身心地关心、理解和体贴孩子，而如果要想让孩子的人生开端顺利的话，这些都是非常必要的。那些不满足自己角色的女性也有其他目标，这些目标会阻止她与孩子建立良好的关系。她与孩子们的目标并不一致，她只想做一些可以证明自己优越性的事，这样，孩子们便成了包袱和累赘。在很多失败的案例中，我们都可以看到，母亲并没有尽到自己的义务，没有给她们孩子的人生一个良好的开端。如果所有的母亲都对自己的工作不满意，对自己的孩子没有兴趣，那么整个人类就危在旦夕了。

但是，我们不能把所有的失败归咎于母亲。她们没有什么罪责。可能母亲本身就没有学会合作，也许她在婚姻中受到压迫，过得很不开心。她对周围的环境迷惑不解，担惊受怕，有时她感到非常绝望。美好的家庭生活中也充满坎坷。倘若母亲生病了，即使她想伺候孩子也无法做到。如果她去上班，可能回到家就太累了。假使家里没钱，食品、衣物和室温都可能对孩子不利。再者，经验不能指挥孩子的行为，他们只能从经验中推出结论。当我们研究一个问题少年时，发现他跟妈妈的关系很僵。别的孩子也存在这样的问题，但是会处理得巧妙一些。这样，让我们回到个体心理学的基本观点上：性格并不是由固定原因造成的，孩子可以通过自己的经历去实现某一目标，而正是这些经历让他们形成了特定的人生观。我们不能说忍饥挨饿的孩子一定会犯罪，我们还要看他从自己的经历中获得了什么。

但是，有一点可以肯定，如果一位女性对于自己的角色并不喜欢，那么她将面临很大的困难和压力。母性的力量是无法估量的，在很多研究中都表明，母亲对保护孩子的本能超过任何动力，即使动物也是如此，例如老鼠和猿猴。如果将性或饥饿的驱动力与母性的本能相比，那么母性将胜过一切。这种力量的基础并不是性，它来自合作目标。母亲感觉孩子是自身的一部分。通过孩子，她与所有的生命相联系，因此她觉得自己是生命的主宰。我们可以发现，每个母亲都在一定程度上觉得自己完成了一件独创的作品。可以说，她感觉自己就像上帝一样完成了创作——凭空创造了生命。事实上，对母性的追求就是人类对优越感的一种表现——成为神圣的人。这个例子十分清楚地表明了只要关爱他人，有强烈的责任感，这个目标可以应用于整个人类。

也许当母亲的占有欲太过强烈时，会把孩子当成实现优越目标的工具。她会想方设法让孩子依赖她，受她的约束，把孩子永远留在身边。有这样一个例子：一位村妇在七十五岁的时候还和五十五岁的儿子生活在一起。后来，他俩同时患上了肺炎，之后母亲康复了，儿子却死在了医院。母亲得知儿子死去的噩耗时，说："我就知道很难将这个孩子养好。"在这位母亲的心里，自己应该为孩子的一生负责，从未想过让他独立生活。我们可以想象，如果一个母亲不能将母子之间的联系延伸，不让自己的孩子与他人合作，这是多么严重的错误呀。

母亲和外界的关系并不是很简单的，她和孩子的关系不应该过分被强调。不管是为了母亲，还是为了孩子，这一点都必须特别加以注意。过分强调一个问题，其他问题都会受到忽视，即使我们遇到的是一个简单的问题，只要稍有大意，就不会有圆满的结果。母亲所处的环境就是她的孩子，她的丈夫，以及围绕着她的整个社会生活。这三种联系必须给予相等的关注，她必须凭借常识，冷静地面对这三者。如果母亲只考虑她和孩子们的联系，难免要宠坏他们，这样，孩子们很难发展出独立性以及与他人合作的能力。在孩子与她自己联系成功之后，她的第二个工作是要把孩子的兴趣扩展到父亲身上。然而，假使她自己对孩子的父亲缺乏兴趣，这项工作几乎就不可能完成。日后，她还要使孩子的兴趣转向他周围的社会生活，转向家里的其他孩子，转向朋友，亲戚和普通大众。因此，她的工作是双重的：先她要让孩子有一个信赖他人的初次经历，然后帮孩子把这种信任和友谊扩展开来，直到它包括整个人类为止。

如果母亲只想如何使孩子关注自己，那么以后孩子将反感分散他对母亲注意的任何举动。他会一直依赖母亲，如果谁想从他母亲那里取得一分关爱，就会成为他的敌人。对别人的关怀就是对自己权益的剥夺，不管是自己的姊妹还是父亲都不行。慢慢地这个孩子就会形成这样的观点：“妈妈是属于我自己的，不属于你们。”

大多数现代心理学家都对这种情况有所误解。比如在弗洛伊德看来：男孩会有一种恋母情结，他们会爱上母亲，并想和自己的母亲结婚，因此痛恨父亲，甚至想杀死他。如果我们了解孩子的成长过程，就不会有这种想法了。那些有恋母情结的孩子想得到母亲关注而排斥其他人。但是这与性毫不相关，他们只想要控制母亲，让母亲服侍自己。这种现象只在那些被母亲宠坏的孩子身上有所体现，他们对其他人没有感情，所以会有这种欲望。为数极少的男孩只和母亲保持着良好关系，所以，他们也会将母亲看成自己的恋爱和婚姻对象。这只能说明在他们心中除了母亲，没有任何人能与他很好地合作，或对他们言听计从。所以，恋母情结是养育方式的错误，是人为造成的。我们不能认为这是遗传而来的乱伦本能，或者想象这种变态心理与性有关。

被母亲束缚在自己身边的孩子，一旦进入一个与母亲隔绝的环境，麻烦就开始了。例如，当他到学校去，或在公园里和其他孩子一起玩时，他的目标仍然是要和母亲保持联系。不管是什么时候，他都不愿和母亲分开。他希望永远把妈妈拖在身边，占据她的思想，并让她永远关心自己。他的方法不可胜数。一方面，他可能是妈妈的心肝宝贝儿，善于示弱、撒娇，以博取同情。他可能一遇到挫折就会大哭或者生病，表示自己需要关怀。在另一方面，他也可能时常动怒。他可能通过不服从母亲或和她争执来获取关注。我们发现了各种各样的被宠坏的儿童，他们只拼命获取母亲的注意，对自己的任务拒不理会。

孩子们很快就会熟练地找出哪种方法最能够有效地吸引母亲的注意力。被宠坏的孩子通常都害怕孤独，尤其是一个人待在黑暗中。他们害怕的并不是黑暗本身，他们是利用害怕来使母亲跟他们待在一起。有一个这样的孩子，在黑暗中，总是大哭大闹。一天晚上，当他的妈妈循着他的哭声而来时，她问他："你为什么害怕呢？""因为很黑"，他回答道。但是他的妈妈现在可看破他行为的目的了，她说道："难道我来了以后，就不黑了么？"可见，黑暗本身并不重要。他对黑暗的恐惧只是他不喜欢和母亲分开。假如这样的孩子和母亲分开了，他就会运用他所有的情绪，所有的力量，所有的智力，把母亲叫到身边。他会奋力尖叫、大声呼喊、吵闹不停或者惹出其他麻烦，来实现自己的目的。其中一个经常吸引教育学家和心理学家的方法就是害怕。在个体心理学中，我们不再关心害怕的原因，而是要分辨出它的目的。所有被宠坏的孩子都会害怕某些东西：他们利用他们的恐惧来吸引注意，结果恐惧就成了他们生活方式的一部分。他们利用它来加强与母亲的联系。胆小的孩子必定是以前很受宠的孩子，他想要的就是重获宠爱。

有时，这些被宠坏的孩子会做噩梦，并且在睡眠中大哭出声。这是一种众所周知的病症，但是只要睡眠被认为和清醒是对立的状态，它就不可能被了解。然而，这是错误的，睡眠和清醒并不对立，他们是同一种东西的变异。在梦里，孩子的行为方式和清醒时是一样的。他想改善处境的目标影响着他的整个身体和精神。经过锻炼和体验之后，他会找出达到目标最有效的方法。即使在睡眠中和他目标一致的影像和记忆也会进入他的精神。一个被宠坏的孩子有过几次体验之后，便会发现：如果他想再和母亲在一起，惊恐的想法是非常管用的。即使他们长大以后，宠坏的孩子还是做一些焦虑的梦。这个行之有效的工具能够获得关爱，但是现在却演变成了一种习惯。

焦虑的利用是司空见惯的，假使我们听到哪个被宠坏的孩子在睡觉中从来不惹麻烦才是奇怪的事。晚上吸引注意的把戏应有尽有，有些孩子发现他们的睡衣很不舒服，或吵着要喝水，其他的人会怕小偷或野兽。一些孩子必须要父母陪在身边才能睡着。有些会做噩梦，有些会跌下床，有些还会尿床。我治疗过一个在夜间似乎从来不惹麻烦的被宠坏的孩子。她的母亲说她睡得很甜，从不做噩梦，半夜也不会醒来，完全没有出过乱子。她只有在白天时才惹出各种麻烦。这真令人感到惊奇。我提出了许多能吸引母亲注意，并使之靠近的病症，但是在这个女孩子身上却一样也没有。最后，我终于恍然大悟。“她睡在哪里？”我问她的母亲。“在我的床上，”她回答道。

对被宠惯的孩子而言，疾病会为他们雪中送炭。因为当他们生病时，他们会比往常更受到关照。这样的孩子经常在得过一场疾病之后不久才出现问题，乍一看，仿佛是这场病把他变成了问题儿童。其实这是因为他在痊愈之后，还记得自己患病时受到的宠爱。母亲不再像当时那么宠爱他了。因此，他便制造问题来报复她。有时候，一个孩子会注意到：另一个孩子是如何因为患病而成了众人瞩目的中心，他也希望自己生病，他甚至会亲吻病童，以便能感染他的疾病。

有一个女孩子曾经住过四年医院，并且深受医生和护士们的宠爱。当她回家后，起初她的双亲也很宠爱她，但是过了几个礼拜后，他们的关怀便降低了。如果她想要什么东西，而不能如愿时，她会把指头放进嘴里，说：“我可是住过院哪！”她提醒别人自己曾经得过病，并且想要再回到受优待的日子里。在成人中，我们也能发现同样的行为，他们常常喜欢谈自己的疾病或动过的手术。另外，有时候，曾经让父母大伤脑筋的孩子在疾病恢复之后，会变得不再骚扰父母。我们已经说过身体的缺陷是孩子们的一种额外负担。但是我们也说过它们并不足以解释性格上的不良特征。因此，我们怀疑身体障碍的消失是否对这种改变有所影响。

有一个在家中排行第二的男孩子说谎，偷窃，逃学，横行霸道而且不服管教，惹出了许多麻烦。老师对他束手无策，主张送他进感化院。正在这时，这个孩子病倒了。他的臂部患了结核症，结果在石膏床上躺了半年。当他病愈后，变成了家中最乖的孩子。我们无法相信这场疾病会对他造成这样的改变。很明显，这种改变是由于他认清了以往的错误。以前，他一直认为父母偏爱他的哥哥，并觉得自己被忽视了。在患病期间，他发现自己成了众人瞩目的焦点，每一个人都照顾他，帮助他，最后，他恍然大悟，放弃了自己是受人冷落的孩子这一观点。

如果以为要弥补母亲造成的错误，最好的方法就是不让她照顾孩子，而是把孩子送进育幼院，让护士看顾的话，那么这种想法实在荒唐透顶。如果我们要找一个代替母亲的人，此人必须能够扮演母亲角色——她一定要能引起孩子的兴趣。这样还不如训练孩子的母亲简单易行。在孤儿院长大的儿童经常对别人缺乏兴趣，因为没有人能在这些孩子和他人之间架起人际关系的桥梁。以前，有人曾经对一些在孤儿院成长而发展不太好的儿童作过一项实验。他们找了许多护士和修女，给予这些儿童个别照顾，或把他们安置在私人家里，让家庭中的母亲像对待亲生孩子一样地对待他们。结果显示，只要养母选择恰当，他们的情况都会有显著进步。养育这种孩子的最好方法，是帮他们找出代替父母的人，过正常的家庭生活。因此，假如我们把孩子从父母身旁带走，当务之急就是帮他找寻能够充当父母的人。有许多失败者都出身于孤儿、私生子、被遗弃的孩子，以及婚姻破裂留下的孩子，由这些事实可以看出母亲的温暖和关照是多么重要。

继母的处境往往会非常艰难，丈夫前妻的孩子往往会对抗她们。但是这并不是无法解决的问题，有很多继母做得非常不错，可惜的是大多数妇女不理解这种情况。孩子在失去母亲之后，就会将自己的期望转向父亲，希望能从父亲那里得到关爱；但是当继母来到家中时，孩子们就会觉得父亲的爱被抢走了，所以他们就会与她为敌。如果继母决心反击，孩子们不但不会屈服，反而更加嚣张。这将是一场持久战，与孩子交战，你永远不会胜利。因为无论结果如何，你不可能用战争求得合作。在这些争执中，最软弱的一方才是胜利的一方。孩子们不想给予，你却偏要索取，这样你什么都不会得到。如果我们认识到合作和爱情是无法用武力取得的，就会减少世上很多无谓的压力和挣扎。

父亲的作用

在家庭中，父亲和母亲有着同等重要的地位。最初，孩子与父亲的关系总是不如与母亲亲密，但是在以后的生活中其影响会逐渐显现。我们已经说过母亲如果不把与孩子的兴趣延伸到父亲身上是很危险的。这样的孩子在社会归属感上会受到阻碍。那些婚姻不幸福的家庭对孩子来说，也是很危险的。母亲可能不想让父亲融入家庭生活中来，只想让孩子属于她个人。也许孩子只是父母战争中的一颗棋子。他们都想让孩子依附自己，希望得到孩子更多的爱。如果孩子们发现父母之间的冲突，他们工于心计，会让战火升级。这样一来，竞争就加剧了，那就看谁更能得到孩子的欢心了。

这种氛围下的孩子是不可能学会合作的。与别人交往的首次经历来自父母，如果他们之间的合作并不融洽，孩子就不能学会合作。再者，孩子是从父母的生活中第一次接触到了婚姻的概念和异性的合作关系。生活在不幸婚姻中的儿童，如果她们的最初印象不被改正，就会对婚姻悲观失望。甚至，他们成年以后也感觉婚姻会注定失败。

他们会设法避开异性，要不然就认定他们的感情生活注定失败。父母的婚姻是社会生活的产品，也是社会生活的准备，如果双亲的婚姻不和谐的话，那么孩子一定会遭受重大的伤害。婚姻是为了谋求双方的幸福、孩子的权益和社会的利益，两个人之间通力合作。如果它在任何一方面失败了，它就无法和生活的要求保持一致。

婚姻是一种合作关系，没有地位高低之分。这一点值得我们认真思考。在家庭生活中不应该独断专行，如果某个成员的地位远远高于他人，将是一件很悲哀的事。如果父亲是一个脾气火暴的人，想成为家庭中的主宰者，那么他就会将这种错误观念传递给自己的儿子。这种家庭氛围对女儿的伤害会更深，她们会以为男人都是家庭中的暴君，她们以为婚姻就是一种压迫或者奴役的关系，以至于有的女孩长大后为了不受异性的伤害，变成了同性恋者。

如果母亲是家庭中的主宰者，整天唠叨不停，情况就会倒转过来。这样，女儿就会像妈妈一样咄咄逼人、吹毛求疵；男孩则时时处于防御状态，害怕自己受到批评，变得小心翼翼，唯恐招惹她们。有时不仅是母亲厉害，就连姐姐和姑姑也一起管教男孩，这样男孩就会变得性格内向、畏缩不前、不想接触社会。他开始逃避与异性相处，因为他害怕所有的女人都是爱唠叨、吹毛求疵的人。谁都不想被指责，但是如果一个人将逃避指责看成人生的中心，那么他的社会关系也会受到阻碍。在遇到任何事的时候，他就会这样想："我是征服者，还是被征服者？"对于这样的人而言，人与人之间没有友情，社会交往就是非胜即负的关系。

父亲的任务可以用几句话来总结。他必须证明自己对妻子、对儿子，以及对社会都是一个好伙伴。他必须以良好的方式应付生活的三个问题——职业、友谊和爱情。他必须以平等的立场和妻子合作，照顾并保护他们的家庭。他不能随意贬低妇女在家庭生活中所占的创造性地位。他的责任不是贬低母亲，而是和她一起工作。尤其在金钱方面，我们应该特别强调，即使经济来源是由他供给的，但财产还是共同的。他绝不应该表现得好像在施舍，其他人则在乞求。在理想的婚姻中，男人供给金钱只不过是家庭分工的结果而已。有许多父亲利用他们的经济地位作为统治的方法。在家庭中不应有统治者，每一种不平等的感觉都应该设法避免。每位父亲都应觉察到，我们的文化过分强调了男性的优越地位，结果他的妻子在和他结婚之后，便生怕自己会受到轻视，没有地位可言。他应该明白，不能只因为妻子是女性，不会像他一样的赚钱养家，就认为妻子不如自己。如果家庭生活是真正和谐的，无论妻子在经济方面是否尽过一臂之力，谁应该赚钱养家，钱又归谁享用，都不应该成为问题。

父亲对孩子的影响非常大。许多儿童在一生之中都把自己的父亲当作偶像崇拜，有些则视父亲为最大的仇敌。惩罚，尤其是体罚，对孩子是没有好处的。粗暴的教育方式都是错误的。父亲在家庭中常常充当着惩罚孩子的角色，这是很不幸的，因为这样无疑给孩子传达了这样一种思想：母亲的柔弱根本不能教育好孩子，必须依靠父亲的力量才能让孩子“改邪归正”。如果母亲常常对孩子这样讲：“等你爸爸回来之后，看他怎样惩罚你。”她就在无意中告诉了孩子：男人才是家里的权威，才是生活中的主宰。同时，也会破坏孩子和父亲的关系，孩子会因为害怕父亲，而不把他当作朋友。也许女人害怕自己亲自惩罚会导致与孩子关系的疏远，但是将这种事交给父亲去做同样是错误的。这样做也许母亲并不能从根本上消除怒火，孩子也仍然会对母亲“召集救兵”的行为感到反感。如果母亲用“我会让你父亲惩罚你”的话来吓唬孩子，那么在孩子心中会对男性产生怎样的想法呢？

如果父亲可以适当地处理人生的三大问题，他将成为家中的主心骨，是一个好丈夫和好父亲。父亲也会与人为善，而且朋友众多。因为交往范围广，他就将家庭融入了更大的生活圈子。他不会将自己封闭起来，也不会受制于传统观念。这样，家庭外部的影响也会通过他带给家人，他就会以身作则，告诉孩子如何与人合作，如何关注他人。但是如果丈夫和妻子各有不同的朋友，就会有危险。但是他们都应该有相同的社交生活，并避免因交友而闹得貌合神离。当然，我的意思并不是说他们应该朝夕相处，寸步不离，而是他们应该懂得和谐共处。例如，假使丈夫不愿意把妻子介绍给他的朋友，就会发生这样的问题。在这种情况下，他生活的中心便是在家庭之外。在孩子的成长过程中，让他们懂得一点很重要，那就是家庭只是社会的组成部分，在家庭之外也有很多值得信赖的朋友。

如果父亲和自己的父母、姊妹都相处融洽的话，就有证据表明他有很好的合作能力。当然，他必须离开家庭，独立生活，但是这并不是说他不喜欢家庭或要和他们决裂。有时候，两个仍旧依赖父母的人结了婚，他们会过分重视他们和原来家庭之间的联系。当他们提到“家”时，他们指的是他们父母的家。假如他们以为父母仍旧是家庭的中心，他们就不能建立真正属于他们自己的家庭生活。这个问题关乎每个的人合作能力。

想知道儿子生活中的家庭琐事，这样就常常给儿子的家庭带来很多麻烦。他的妻子就会觉得公公婆婆多管闲事，自己不受尊重，这无疑让她感到气愤不已。在这种情况下，尤其男方不顾双亲的反对，而自己做主结婚时最容易发生。他的双亲可能错了，也可能是对的。假使他们对儿子的婚事不满意，在结婚之前，他们可以反对，但是既然结婚了，那就只有一条路可以走了。他们应该极力促成儿子美满的婚姻。倘若家庭内部争议无法避免，丈夫应该家务事纷繁复杂，对此可以置之不理。他应该用事实证明父母的反对是他们的错，自己的选择才是最正确的。夫妻二人不必事事顺从父母的意见，当然很明显，如果大家可以和谐相处，而且儿媳能够体谅公婆做任何事也是为她着想，那就不会有太多麻烦了。

每个人最期待父亲完成的是他能否解决好工作问题。他必须接受职业训练，必须支持他的整个家庭。在这方面，他可能受到妻子的帮助，然后孩子们可能会帮助他。但是在当代，经济的责任主要落在了男人肩上。要解决职业问题，他必须工作，必须勇敢，必须了解他的职业并熟悉它的利弊，必须在他的行业中和他人合作，让别人对他有好感。不仅如此，他的态度还影响着自己的孩子准备用何种方式面对职业问题。因此，他必须找出成功地解决这个问题的条件——找出能对全体人类有所贡献的工作。但是他是否认为自己的工作有用，那倒无关紧要，重要的是他的工作确实有用，我们无须听他说些什么。他如果是一个利己主义者，那固然可悲，但是假若他的工作有益于人类，那就无关紧要了。

接下来让我们谈谈爱和婚姻的问题，以及怎样创造和谐幸福的家庭。丈夫先要做的就是爱自己的妻子，这一点我们很容易就可以看出。如果他对妻子感兴趣，他就会对妻子所喜欢的事加以关注，也会自动地尽全力给她提供优越的条件。关爱并不是爱的唯一表达方式，因为表达爱的方式多种多样，通过它们我们能看出婚姻是否和谐。他必须要做妻子的好同志，他必须努力奋斗，给她更舒适、更富裕的生活。他必须乐于取悦妻子。只有夫妻双方都认为他们的共同幸福高于个人利益时，才可能有真正的合作。两人都应该爱对方胜过关注自身。

在孩子面前，丈夫对妻子的爱不能表现太露骨。夫妻之间的爱和他们对孩子的爱是完全不同的，不能互相比较，它们之间也没有任何冲突。但是在孩子心中往往产生这样的想法：父母之间太过甜蜜的话，就没有自己的位置了。这样孩子就会心生嫉妒，从而在父母之间挑事。此外，配偶之间的关系不应该太不严肃。此外，父亲对儿子、母亲对女儿解释与性有关的事情时，除了孩子希望知道而且在其发展阶段也能理解的事物外，不必主动地告诉他们太多的知识。在我们的时代，人们有一种倾向，即想告诉孩子许多他们还无法适当掌握的性知识，结果引起了不恰当的兴趣和好奇。这样，性就被轻描淡写，甚至完全不当一回事。这样并不见得比刻意隐瞒孩子或对性绝口不提的传统做法高明。所以，最好是先了解孩子希望知道什么，并只回答他们正在思考的问题，而不要以我们自己的标准，强迫他们接受我们自认为都应该知道的事情。我们必须让他信任我们，喜欢跟我们合作，并希望我们帮他解决问题。假使我们这样做了，便绝不会错得太过离谱。还有些父母害怕自己的孩子会从同伴处听到有害的性故事，这未免有些大惊小怪了。在合作和自立方面得到良好教育的孩子，是绝不会受到朋友蛊惑的，而且孩子们在这些事情上经常比他们的长辈更加敏感。一个有道德情操的孩子，自然不会受到“道听途说”的影响。

在当代社会里，男人有更多接触社会的机会。他们可以了解社会制度的利弊，自己国家以及世界各地的道德关系等等。男人的活动范围仍然比女性的要大，因此，在上述问题中，父亲应该成为妻子和孩子的顾问。他也不要利用这个来吹嘘自己见多识广。他不是家庭教师，而应该像朋友一样给他们建议，既不惹孩子们反感，又不会因得到拥护而喜形于色。也许妻子不善合作，而遭到孩子们的抵制，这时丈夫也不要固执己见或者独断专行，而是应该寻找其他减少抵触的方法。大干一架他也绝不会成功。

不要过分强调金钱，或者把它作为争执的话题。那些不能挣钱的女性更加敏感，这绝对超出了丈夫的想象，如果指责她们太过奢侈，会对她们造成很大的伤害。金钱问题应该在家庭的承受范围之内协商解决。妻子和孩子也不应该通过施压，来让男主人不堪重负。从一开始，花销就应该达成一致，以免有人觉得受到管制或者虐待。当父亲的也不应该认为只要有钱就能保证孩子的未来。我曾读过美国人写的一本很有趣的小册子，在书中他叙述了一个由贫民变为富豪的人，他想让自己的后辈永远免受穷困之苦。为此，他去咨询一位律师，律师问他想让几代人富裕他才能满足？他说十代。律师说："你当然能做到，但你要清楚，任何一个你的第十代子孙，都有五百个以上的祖先，这些人在他身上的遗传基因跟你一样多。其他五百个家庭这都会认为他是自己的后代。这样一来，他还是你的子孙吗？"我们以另一的例子说明一个道理：无论我们为后代做什么，其实都是在为整个社会服务。人类无法脱离与同类的关系。

如果家庭中没有霸权，那么其中必定会有真正的合作。父母必须在孩子的教育上通力合作。任何一人都不应对其中哪一个孩子有特殊的偏爱。这是最重要的，偏爱的危险性绝非言过其实。童年时期的孩子心情压抑，常常是因为父母过于关心他的兄弟姐妹而忽视了他的结果。也许这种感觉并没有什么证据，但是在各方面都被一视同仁的孩子是不会有这种现象的。如果父母重男轻女，女孩就会产生自卑心理。孩子的心理是非常敏感的，他们常常因为感觉父母偏爱其他孩子，因而走上错误的道路。

有时候，一些孩子天资聪颖或者长相可爱，父母总是有意无意对他们更加偏爱。在这个问题上，父母应该经验丰富、技术娴熟，不让自己表现出来。否则会让孩子相形见绌，感到沮丧。这不但会让孩子引起别人的嫉妒，还会让其他孩子丧失自信，同时也会影响与其他孩子的合作能力。父母说自己一直公平地对待每一个孩子还远远不够，他们还要观察在这些孩子是否有认为父母偏心的想法。

偏爱与平等

现在我们开始讨论家庭合作另一个同等重要的部分，即孩子们之间的合作。除非孩子们觉得彼此是平等的，否则人类就不会对社会感兴趣。除非男孩和女孩觉得彼此平等，否则两性之间就会存在巨大障碍。有许多人问："同一个家庭中长大的孩子，差异怎么会这么大？"有些科学家把它解释为遗传基因的差异，但是我们却认为这是一种迷信。我们可以把儿童的成长比喻为树苗的成长。一片树木生长在同一个地方，但每棵树木的小环境又各有不同。有的树汲取了更多阳光和土壤养分而生长较快，那它就必然侵占其他树木的生长资源，如遮挡阳光照射、根系四处蔓延、抢夺土地养分。长此以往，其他树木就无法正常生长，显得矮小和萎靡。一个家庭与此相似，其中一人鹤立鸡群，别人则必定相形见绌。

我们前面谈过，父母中的任何一方都不应在家里高高在上。如果父亲事业有成或者天赋异禀，孩子就会认为父亲的成就是自己无法望其项背的，由此心生失望，丧失了生活的兴趣。名门子弟的表现往往让父母和社会大失所望，这是因为孩子们生活在父母的阴影之下。所以如果父亲事业有成，不妨在孩子面前降低姿态，以免对孩子造成负面影响。

这种情况在孩子之间时有发生。假如一个孩子一枝独秀，就会赢得大部分人的目光和宠爱，对他而言，自然是春风得意。但是其他孩子却会对他产生不平和嫉妒的心理。任何人都不可能甘居人下，默默地忍受而毫无怨言。优秀孩子阻碍了其他孩子的成长，其他孩子的成长就会失去内在的精神动力，这绝非危言耸听。当然，其他孩子仍会追求优越的地位，并且会永无止境地奋斗下去，但他们的目标有可能会偏离正轨，或脱离现实或毫无目的。

排行的意义

个体心理学在探讨孩子们出生顺序的利弊方面，开辟了一片非常广阔的研究领域。方便起见，我们假设父母之间合作良好，并在教育子女方面尽心尽力。可是每个孩子在家庭中的排行仍然非常重要，而且每个孩子也会因此在完全不同的情境下成长。我们必须再次强调，即使在同一家庭中，两个孩子的处境也不会完全相同，因此，每个孩子都会在他的生活方式中，体现出他为了适应特殊环境而做出的种种努力。

家庭中的老大都经历过一段“独生子”的时期，但是随着第二个孩子的出生，他们就必须强迫自己适应新的环境。长子的出生常常集家长的宠爱于一身，他习惯于以自己为中心。但是，第二个孩子出生后，他就会在毫无准备的情况下被别人赶下自己的宝座，他不再是家中的唯一了。现在，他必须和别人一同分享父母的爱。这样的改变会对他们产生很大的影响，很多问题儿童、神经功能症患者、罪犯、自杀者、酗酒者和变态的人都会有这方面的原因。他们往往是家中最大的孩子，对其他孩子的到来印象极深，而这种被人剥夺的感觉铸就了他们整个的生活方式。

其他的孩子也可能在同样情况下丧失地位，但是他们的感受都可能不会如此强烈。他们已经有过和其他孩子合作的经验，他们也未曾独享照顾和关怀。但对长子而言，这却是彻底的转变。如果他确实因为新婴儿的到来而遭到冷落，我们不能期望他心安理得地接受这种境遇。如果他愤恨不平，我们也不能怪罪他。当然，如果父母能让长子感受到他们的爱依然如故，他的地位坚如磐石，尤其是让他为新婴儿的降生做好准备，并学会了照顾弟弟妹妹，那么这场危机就会悄无声息地安然度过。

通常，他都没有做好这种准备。父母确实给予了新生婴儿更多的照顾、关爱和赞赏。所以，他就开始千方百计地寻求母亲的关注，以便回到以前的地位。有时，我们会看到两个孩子同时去向母亲索求关爱，谁都想比对方得到更多的关注。年长的一个可能会使用暴力或者想出新的花样。我们可以推断出，他在这种环境下会做出什么事来。如果我们处在他的环境中，我们跟他会采取一样的行动，因为我们的目标一致。我们会找母亲的麻烦，反抗她，并表现出一些她无法忽视的斑斑劣迹。他也会这样做的，他以最粗野的方式，千方百计地引起关注，结果把母亲弄得不堪其扰。母亲因此对他心灰意冷了。他为了得到母亲的爱而争战，结果却失去了它。现在，他尝到了不被人喜爱的滋味了。他感觉备受冷落，实际上，正是他的行为使他无人问津了。他觉得自己并没有什么错，并且还会说："别人都是错的，只有我自己正确。"他就像掉进了陷阱，挣扎得越厉害陷得越深。他要证明他的观点任何时候都是正确的。既然他的想法正确无误，又怎么能轻易放弃抗争呢?

针对每个争斗的例子，我们必须具体情况具体分析。如果母亲与他针锋相对，孩子就会变得脾气暴躁、野蛮任性、刁钻古怪和桀骜不驯。在母子冲突时，父亲可能会给他重新受宠的机会，他因此会亲近父亲，以期赢得他的关注和宠爱，所以家中老大通常更加偏爱和依赖父亲。我们可以肯定，一旦孩子开始偏爱父亲，即进入人生第二个阶段。孩子早期会依恋母亲，当母爱渐渐远离的时候，他会将依恋转向父亲，并以此报复母亲。如果一个孩子偏爱父亲，我们就可判断他曾经遭遇过挫折，或被人忽视。这些事让他记忆犹新，并且这种阴影也会对他的生活方式产生影响。

这种争斗通常将长期存在，甚至伴随孩子一生。这个孩子已经学会了坚持抗战，并且在任何环境中都倾向于斗争。他也许找不到志趣相投的朋友，于是悲观失望，认为自己永远无法获得别人的好感。他会变得暴躁易怒、沉默寡言、性格孤僻，甚至索性彻底自我孤立。这种孩子的所作所为和现实表现，仍然以过去为重心，他们只想沉浸在过去那种美好的回忆之中。所以，我们总能在老大的身上看到对过去的一种眷恋。他们喜欢回忆，但是却对未来没有信心。一个曾经有着统治权和掌控权的孩子，总能更深地体会到权力的重要性。长大之后，他们同样会玩弄权术，并过分夸大规则和制度的作用。他们认为任何事都应该按规则执行，并且这种规则是一成不变的，而权力应该掌握在那些施予者的手中。这时，我们就看出了童年时期的经历让他产生了保守主义倾向。如果这种人拥有了地位，定会时时怀疑别人会有不轨之心，一心想取而代之。

虽然老大的地位问题很特殊，但如果处置得当，可能会转变成优势。如果老大在弟弟妹妹出生之前已经学会了合作，他就不会觉得受伤了。我们从一些长子身上可以发现，他们很乐于保护和帮助他人。他们经常会模仿父母照料弟弟、妹妹，承担起父母的角色，并以照看、教育、体谅他们为己任。有时，他们也会因此锻炼出杰出的组织才能。也许他们的保护会让他们产生一种占有欲或滋生出统治别人的欲望，但这些无疑全是正面的例子。以我在欧洲和美国的例子来看，长子是最容易出现问题的一类人，紧随其后的是最小的孩子。这也很有趣，极端的位置会产生极端的问题。很遗憾，我们的教育方法还没有成功地解决长子的问题。

老二在家中的情况却大相径庭，这是其他孩子都无法比拟的。他刚一出生，就已经有一个孩子与他分享父母的爱，所以与长子相比，他更容易与人合作。他周围家庭成员更多，如果家中的长子不压迫他，他是相当舒适的。他的位置最重要的事实就是他有很多不同之处，从一开始他就落后于人。老大比他长得高，他必须奋起直追。典型的老二一眼便可以看出。他就像参加赛跑一样，仿佛有人领先一步，他必须迎头赶上。他一直在全力以赴，他的内心要求自己超过哥哥并打败他。《圣经》给了我们很多心理暗示，雅各的故事描绘了典型的二孩。他始终想超越哥哥以扫，并取代他的位置。老二总是不甘心居于人后，他一直在努力超越老大。所以老二成功的机会更大，他们往往也比老大更占有先天的优势。在此我所说的并不是遗传的原因，而是由于孩子的不断努力，促使他进步得很快。以至于他长大之后独立了，仍然会寻找一个优秀于自己的目标，作为自己超越的对象。

这些特征不仅存在于我们清醒时的生活，而且在所有人格特征中都留有痕迹，而且更容易出现在睡梦中。比如，那种从高处跌落的梦境常常发生在老大身上，因为他们虽然身处高位，却不能保证永远不失去优越的地位。再看老二，他们经常梦见自己与人比赛，比如追赶火车、与自行车比赛等。这种匆忙追赶的梦常常给我们以暗示，他就是家中的老二。

然而，我们必须强调，事实上，这些规则并不总是一成不变的。表现得像老大，并不一定就是长子。对整个情境起着重要作用的不只是出生的顺序。在大家庭里，较晚生的孩子有时会取代老大的地位。例如，一对夫妇连续生了两个孩子之后，隔了很长的一段时间才生下老三，以后又生了两个孩子。这样，老三就可能具有长子的全部特性。也可能也出现老二的特征，第四或第五个孩子降生后，他也可能表现得像典型的次子。只要两个孩子一起长大，而又与其他孩子分开，那么他们便会表现出长子和次子的各种特征。有时候，长子在这场比赛中失败了，那么他一定出了什么问题。有时候，他能够保住他的地位，并阻碍弟弟或妹妹的发展。那么老二就会惹出麻烦。如果长子是男孩，次子是女孩，长子的处境会非常困难。他承受了被女孩打败的危险，这很可能被他视为一种奇耻大辱。异性之间的竞争比同性之间的更激烈。女孩在这场比拼中好像更受眷顾。在十六岁之前，女孩身心发育都快于男孩。一般情况是哥哥主动放弃争执，变得心灰意冷、萎靡不振，如果他耍手腕或者用不光彩的手段来取胜，例如，吹牛撒谎等拙劣手段。我们可以断定，胜者一定非女孩莫属。我们会看到男孩走向歧途，越陷越深，而女孩则轻松解决问题，阔步前进。如果对危机有所预见，并及时防范，其实这种情形是可以避免的。在一个人人平等、团结协作的家庭中，家庭中没有对立，孩子们也没有钩心斗角的必要，更不会把时间浪费在争执上，因此这种不幸完全可以避免。

除了最小的孩子，其余的孩子都有竞争者，都可能失去位置。最小的孩子虽然没有弟妹，但是却有很多人在他前头。他永远都是家里最小的娃娃，也很可能最受宠爱。但是他经常受到刺激，面临很多竞争，所以最小的孩子发展极其迅速，要快于其他孩子，最后超越他们。在人类的历史中，最小的孩子所取得的成就独占一席之地。在人类最古老的故事里，便已经有最小的孩子如何超过哥哥姐姐的记载。

在《圣经》里，最小的孩子总能取得最大的成就。约瑟夫（Joseph）被当作最小的孩子抚养长大。约瑟夫出生之后十七年，班哲明（Benjamin）出生了。但是班哲明对他的发展却没有任何影响。约瑟夫过得全是最小儿子的生活方式。他始终肯定自己的优越，甚至在梦中也是如此。别人必须向他低头，他的光辉埋没了他们。兄弟们都很了解他的梦。对他们而言，这件事并不难理解，因为他们跟约瑟夫朝夕相处，对他的态度也都一清二楚。约瑟夫在梦中所引起的感觉，他们也都感受到了。他们怕他，并且要避开他。然而，约瑟夫还是从最后变成了第一。在以后的日子里，他成了家里的栋梁，支持着整个家庭。最小的孩子经常是整个家庭的栋梁，这件事并非偶然。人们都很了解这一点，并传诵着很多最小儿子的英勇故事。事实上，他是处在一个相当有利的情境中，父亲、母亲、哥哥，都会帮助他，还有许多事物可以激发他的野心和努力，同时又没有人从背后使坏或分散他的注意力。

但是正如前所述，最小孩子排在问题儿童的第二位。主要原因则是家庭的溺爱。一个被宠坏了的孩子总是不能独立，他们缺乏自我拼搏的勇气。最小的孩子们的志向总是远大的，但是壮志凌云的人却往往生性懒惰。懒惰是雄心与绝望的混合体。志向过于远大往往不太现实。最小的孩子有时强调自己没有任何理想，因为他希望自己在任何方面都超过他人，他们希望自己自由自在，独一无二。我们同时也能理解，周围的人都比他年长，比他强大，比他有阅历，可见老小常常会自叹不如。

独生子女也有自己的问题。他的竞争对手不是兄弟姐妹，而是父亲。独生子女都会得到母亲特殊的宠爱，母亲怕失去他，想让他时时刻刻成长在自己的保护之下。因此他们会产生“恋母情结”，他们被系在母亲的围裙上，甚至想把自己的父亲逐出家庭。

不过，只要父母同心协力，让孩子的兴趣分散在两个人身上，这种情况就不会发生。但是，一般而言，父亲与孩子的联系总是少于母亲的。独生子女有时会表现出和老大相似的情形：他希望战胜父亲，而且喜欢年龄大的人。

如果有弟弟妹妹出生，独生子女便会吓个半死。如果有朋友说："你应该有个小弟弟或小妹妹。"他会对此深恶痛绝。他希望自己永远处于焦点位置，他认为这是他应该得到的权利。一旦有人威胁到他的地位，他就会感到这是极大的不公。若在日后他失去了焦点的位置，便会出现很多问题。如果孩子成长在一个谨小慎微、患得患失的环境中，同样会对他的成长有所影响。如果父母因为身体原因而失去生育能力，我们只能尽力帮他们处理好独生子女的问题。但是我们却发现，很多父母本来能够多生几个孩子，却只有一个。这是因为他们胆小悲观，认为不能承担更多子女的费用。家庭氛围充满压抑的感觉，孩子为此深受影响。

假使孩子们出生的时间间隔太远，每个孩子都会有某些独生子的性格。这种情形并不是很理想。经常有人问我："你认为家庭中孩子的年龄，最好应相差几岁？""孩子们是应该紧接着出生，还是应该间隔较长的时间？"根据我的经验，最理想的间隔是大约三年。在三岁的时候，如果较小的孩子出生了，他也能表现出合作行为。他的智力已经能够理解，在家庭中可以有另一个孩子的位置。假如他只有一岁半或两岁，我们无法和他讨论，他也无法理解我们的观点，因此我们无法让他准备好迎接弟弟妹妹的来临。

如果家里只有一个男孩，其他都是女孩，他也会面临一段艰苦的时光。他处在女性的环境中，父亲大部分的时间都不在家。他只能看见妈妈、姐姐和女仆。他发现自己与众不同，便会倍感孤独。特别是当家中女性联合起来对付他时更是如此。她们认为必须要教育他，或者为了证明他没有什么值得骄傲的。他们之间就会爆发大量的敌对行动和竞争。更糟糕的情况是他在家中排行中间，那他只能两边受气。如果他位居老大，总会有个能力非凡的妹妹紧随其后，威胁他的地位。如果他是家中老小，那么就容易变成一个玩偶。在女孩子中间长大的男孩通常不受别人欢迎，如果让他们学着和其他孩子相处，学会与他人合作，这种问题就会迎刃而解。否则，长期处在女孩的包围之中，言行举止可能会带有女孩气。

女性环境不同于男女混住的环境。我们常常发现这样的情形，在没有统一管理的公寓楼中，根据个人口味自由布置的话，女孩的房间会打扫得干干净净，色彩搭配相得益彰，而且所有的一切都有条不紊。但是，如果是一群男孩的住处，则不会那么整洁了，他们的环境会一片狼藉、喧闹不止、破败不堪。但是在女性环境中长大的男孩就会有些女性倾向，也会有些女孩的习惯和特征。

同时，这种环境也会让独生子极力挣脱这种氛围，并尽量展现自己的男子汉气概。他认为自己的个性和优越地位不容侵犯，但也免不了有些害怕。他会以坚守的态势，暗中摆脱女性的控制。所以这就形成了他向两个极端方面的发展，不是变得强大无比，就是软弱无能。而一个女孩生活在一群男孩中间也会如此，她们不是太过女性化，就是格外男性化，不安和无助常常困扰她的一生。这种情况值得我们研究和调查。再者，这种事也不会时时发生，所以在尚未深入研究之前，我们切莫妄下定论。

在我对一些成人的案例进行研究时，会从中发现很多童年时期的烙印，并且这些印象是永不磨灭的。家庭中的地位会留给他们永生难忘的印记。而成长中的问题，也大都是由与家庭的对抗和缺乏合作精神引起的。如果我们观察周围的环境，考虑一下我们平时常常看到的敌对情绪和竞争现象就会明白，那是因为人们都想成为征服者，都想超越他人。这种目标的形成和他们童年时期的经历是分不开的。因为这是那些怨天尤人的孩子努力竞争的结果。如果要想让他们改掉身上的这种毛病，就要培养孩子们的合作精神。

第七章　学校的影响

教育的变革

学校是家庭的延伸。如果父母都能肩负起教育孩子的重任，并解决他们生活的各种问题，就没有学校存在的必要了。在其他文明中，孩子的教育几乎都是由父母完成的。工匠会教给孩子自己的手艺，这些技艺是祖传的或者自己在实践中总结的。但是，我们的文化给我们提出了更复杂的要求。所以，学校被用来减轻父母的负担，并继续推进他们的工作。社会生活要求孩子接受比家庭教育更高级的教育。

虽然美国的学校并没有经历欧洲学校所有的发展阶段，但是我们仍能窥见一些传统权力的影子。最初，只有欧洲的王子和贵族才能接受教育，他们才是社会中被赋予权利的成员。而别人则只能老老实实干活，不能有任何奢望。后来，随着社会的发展，教育被宗教接管了。少数人可以经过推举去学习宗教、科学知识和接受专业训练。

当工业技术开始发展时，教育的形式非常落后。教育的普及经历了漫长的过程。以前，乡村里的校长经常只是鞋匠或裁缝出身，他们上课手持棍棒，常常体罚学生，但是效果并不理想。那时，只有宗教学校和大学才教授宗教和科学方面的知识，甚至连国王也目不识丁。但是，近代社会对人类的要求越来越高，即使工人也需要读书、写字、计算、画图。也正是从那时开始，公立学校才有了雏形。

然而，这些学校都是按照政府的理念设立的。当时，政府的目的都在于培养出顺从的人，教导他们维护上层阶级的利益，并保证随时投笔从戎。学校的课程都是按这个目标设定的。我还记得，有一段时间，奥地利仍然部分地保留了这部分内容。当时，对平民阶层的教育就是要让他们服从，并安排他们从事与其地位相适应的工作。慢慢地，这类教育的缺点暴露出来了。自由的思想开始萌芽，工人阶级逐渐茁壮成长，他们的要求也逐渐提高。公立学校顺应了他们的要求。现在流行的教育理想是应该培养孩子的独立精神，给予他们学习文学、艺术和科学的机会，让他们分享全人类的文明成果并积极作为。我们不愿看到，孩子的教育仅仅为了挣钱或者在工业体系中谋个营生。我们需要的是志同道合的人，需要平等、独立和有责任感的同事，以及为了人类文明而奋斗不息的人。

教师的角色

不管他们知道与否，所有呼吁学校改革的人，都在努力增加社会生活的合作程度。例如，性格教育就是如此。如果我们这样想的话，这个要求就是适当的。但是，一般说来，我们还不能全面认识教育宗旨和教育技术。我们必须发掘那些不是只想挣钱，而是更想为人类服务的教师。必须让他们体会到这份工作的重要性。此外，他们还必须要训练有素。性格教育目前还处在试验阶段。我们必须把教条排除在外——目前，性格教育还没有一套行之有效的成熟方法。即使在学校，它的结果也不令人十分满意。有的孩子开始上学时，已经在家庭生活中一败涂地了。尽管老师悉心教育、勤于诚勉，他们依然我行我素。然而，教师除了在学校加大教育力度之外，别无他法。

我大部分时间都在从事这方面的工作。我相信，维也纳的许多学校在这方面的教育都处在领先位置。在其他地方，虽然也有精神病学家在检查孩子，并对他们提出忠告，但是如果老师并不认同其建议或者不知道如何去操作，那又有什么用呢？虽然精神病学家一个星期和孩子见一两次，最多不过是一天一次面，但他并不能真正理解孩子所处的家庭环境，以及在学校等各处受到的影响到底有多大。他只写张便条，说这个孩子应该改善营养，或应该接受甲状腺治疗。也许他还会给老师一些暗示，说这个孩子该接受个别指导。但是，老师既不知道这种处方的目的，也不知道如何避免错误。除非他了解孩子的性格，否则他就不知所措。精神病学家和教师之间需要最密切的合作，教师必须与精神病学家心有灵犀。这样，在讨论完孩子的问题之后，他才能独立开展自己的工作。如果发生了意外，他应该知道如何处理，正如精神病学家所做的一样。最实用的方法可能就是我们在维也纳设立的顾问委员会（Advisory Council）。这种方法我将在本章末尾详加描述。

一个刚刚踏入校门的孩子，会面临全新的生活考验。在这里，他成长过程中的种种缺点会暴露无遗。他需要在更为广阔的领域中与人合作。如果他在家中已经习惯了被人宠爱，那么他必定不想离开家人的呵护，去和其他孩子一起玩耍。所以，我们发现，对那些刚刚入校的娇娃娃来说，社会情感极其有限。他很可能大哭大闹，想回到父母身边。他对学习和老师没有任何兴趣，也不想听老师的话，因为他以自我为中心。我们可想而知，如果他眼里只有自己，学习成绩一定不会好。我常常听到父母这样说，自己的孩子在家里原本好好的，可是一进学校就会变得很调皮难缠，各种问题纷至沓来。我想，这个孩子在家里绝对地位很高。在家里没有受到考验，所以成长中的错误也不会显现。由于在学校里不再受宠，他就觉得自己受了很大的打击。

有这样一个孩子，他自从第一天入校，就无所事事，总是嘲笑老师说过的话。他对学习毫不关心，别人都认为他是一个弱智儿童。我看见他时，曾问他："你为什么总是嘲笑老师所说的话呢？"他说："学校是父母编造出来，看我们笑话的。父母把孩子送到学校，就是为了愚弄我们。"因为他在家中常常遭受别人的戏弄，所以进入学校后，他依然觉得别人在捉弄他。我让他认识到，他过于看重自尊，也没有人整天想捉弄他。后来，在我的指导下，他开始喜欢学习，成绩也开始上升。

学校教师的工作就是关注儿童的困难，并纠正父母的错误。他们会发现，有些儿童已经准备好要接受更广阔的社会生活。他们在家里已经学会了关注他人。有些还没有做好这种准备。当一个人对某一问题没有准备时，他就会举棋不定，或畏惧退缩。落于人后并不一定是智力低下，有可能是儿童在面对社会生活时，不知道该如何去适应，该如何与人交往。教师是最适合帮助他应付新挑战的人选了。

但是，要怎么帮助他呢？教师要做的事情必须和母亲应该做的事一样，就是紧密联系学生，关爱学生。对学生的爱心会深刻地影响孩子的适应过程。学生绝不喜欢严厉的规定和惩罚。假使一个孩子到学校后，发现自己很难和老师或同学沟通来往，那么最坏的对待方法就是批评他或者责备他。这种方法只是让他为讨厌学校找到了充分的借口。我必须承认，假如我是个在学校里经常受到冷嘲热讽的孩子，我也会对老师们敬而远之。我会四处寻找别的环境，然后逃离学校。

顽劣难管的学生，大多数把学校视为令人不快的场所，因而时时想逃学。他们并不是真的愚笨，在编造请假的理由或模仿家长的签字时，他们经常表现出很高的天分。在学校之外，他们会找到“志同道合”的逃学孩子。从这些同伴口中，他们获得了在学校里无法得到的赞赏。他们所向往的，并且能证明自己价值的圈子，不是学校而是流氓团伙。在这种情境里，我们可以看到无法融入班级的儿童是如何踏上犯罪道路的。

如果老师想要吸引儿童的注意，他必须先了解这个儿童以前的兴趣是什么，并设法使他相信，他在各种兴趣上都能获得成功。当儿童对某一方面有自信时，要在其他方面给他刺激就会容易得多。因此，从开始起，我们便应该注意孩子有什么样的世界观，以及哪种感官最为敏感，功能最为发达。有些孩子善于观察，有些喜欢聆听，有些则爱好运动。视觉型的儿童对运用眼睛的学科，比较容易感兴趣，例如地理或绘画等。老师讲课时，他们可能不听，因为他们不习惯于听觉引起的注意。这种孩子如果没有用眼睛学习的机会，他们就会落下。大家可能认为他们是能力不足或缺乏才智，而归咎于遗传。其实，老师和家长责任更大，因为他们没有找出引起孩子兴趣的正确方法。我的意思并不是要对这些儿童施以特殊教育，但是我们应该利用他某种强烈的兴趣，鼓励他在其他方面拓展自己的兴趣。现在已经有些学校施行视听教学，同时给予各种感官多种刺激的方式，把知识教给儿童。

例如，把雕塑和绘画的课程合并在一起等等。这种做法值得鼓励和推广。教授课程最好的方法就是和生活保持一致，使孩子们能够看出其教学目标和他们所学的价值。也许有人会问，直接把知识传授给孩子或者教他们自己思考，两种方法哪种更好？依照我的看法，这个问题中的对立观念是太极端了。这两种方法是可以结合起来的。例如，教孩子把建造房子和数学联系在一起，让他算出需要多少木材，里面可以住多少人等等。有些课程很容易就能放在一起，而我们都极具创造性，能把生活各方面联系起来。例如，老师可以和学生们一起散步，找出他们最感兴趣的东西是什么。同时，他还可以教他们了解动物和植物的构造，植物的进化和利用，气候的影响，国家的地理形态，人类的历史等等，几乎包含了生活的每个方面。当然，我们必须先要求这位老师对他所教的学生真正感兴趣，如果不能满足这个先决条件，孩子的教育也就无从谈起了。

课堂上的合作与竞争

在我们现行的教育制度下，通常我们都会发现，当孩子开始上学时，他们竞争有余，而合作不足。这种竞争在孩子上学期间持续不断，这并不是一个好的现象。如果那些优秀的孩子超过了其他孩子，并不能代表他就比那些成绩落后的孩子快乐。这种情况下，他们会更关注自己。他们的目的并不是合作和贡献，而是获取利益。正如一个家庭，成员之间也是平等的关系，同样，学校中的学生也应该是平等的关系。如果让孩子认识到这一点，他们才可能互相关爱，团结合作。我见过很多“顽劣的孩子”，通过互相关爱，与同伴进行合作，最终完全改变了自己的态度。

我要特别提到一种儿童。他觉得家人都与他为敌，他便认为学校里的所有人也都跟他作对。他在学校的表现不佳，当他父母听到这个消息后，便在家里惩罚他。这种情况屡见不鲜，孩子在学校考的成绩很差，挨了老师一顿批评。把它带回家后，又受到了惩罚。一次打击就已经够叫人丧气了，连续惩罚两次简直是糟糕透顶。因此，这个孩子在班上调皮捣蛋，成绩也始终不见起色。最终，他遇见了一位了解他情况的老师，老师向其他孩子解释了这孩子为什么觉得人人和他为敌，并且要求大家帮助他，让他相信大家是他的朋友。结果这个孩子的行为便有了出人意料的改善。有时候，人们会怀疑是否可以用这种方法教育孩子，让他们互相理解，乐于助人。但是根据我的经验，孩子经常比大人更善解人意。有一次，有位母亲带了她的两个孩子，一个两岁的女儿和一个三岁的男孩，到我的诊所来。在母亲不注意时，小女孩爬上了一张桌子。母亲吓得面如土色，她一动也不敢动，只是大声叫道：“下来！下来！”小女孩却毫不在意。三岁的小男孩嚷道：“在那别动！”小女孩马上就爬下来了。看来，他更了解妹妹，而且知道该怎么做。

有种说法，让学生自行管理班级是培养合作精神的一个良好的方法。当然，这些尝试必须谨慎一些，并且要在老师的监督和指导下进行，并且还要确保孩子们有自我管理的能力。否则，孩子们将认为这是一种游戏，行事便会过于随意，这样就会造成他们比老师更变本加厉，或者利用班会谋取私利、扩大争议、攻击别人，或者争取优越的地位。因此，在开始的时候，老师必须密切关注、适时引导。如果我们想找出一个儿童当前心智、性格，以及社会行为等各方面的发展水平，各种测验是无法避免的。有时候，诸如智力测验之类的也能作为评价孩子的工具。例如，有个孩子在学校中的成绩很差，老师希望让他留级。经过智力测验后，却发现他其实是应该升级的。然而，应该认识到，孩子未来的发展程度是不能妄下断论的。智商只能够用来帮我们认清孩子的困难，以便找出解决的方法。就我自己的经验而言，当智商测验显示某人的智力并不低时，只要我们找出正确的方法，便能改变他的表现。我发现只要孩子们玩智力测验，熟悉之后，他们便会发现其中的奥秘。随着经验的增长，他们的智商就会得到改善。因此，不应该认为智商就是命运或遗传的枷锁，从而限制儿童未来的成就。

而且，孩子本人或父母也都不应该知道他的智商。他们不知道此类测验的目的，反而以为这是对未来的判决。在教育中造成最大困难的，并不是儿童自身的智力高低，而是他认为与生俱来的各种缺陷。假如一个儿童知道他的智商很低，他可能变得失去希望，觉得成功已与自己无缘。在教育中，我们应该全力增加儿童的勇气和信心，并帮他消除由于对生活的误解而限制自身的发展困难。

学校成绩也是如此。如果老师给予一个孩子很低的成绩，认为这会激励孩子更加努力学习。如果孩子家教很严格，他可能会不敢回家或者自己涂改成绩。有时候，甚至有孩子会为此而自杀。因此，教师要考虑这样做的后果。虽然教师并不为孩子的家庭生活或者课余生活负责，但是这值得认真考虑。如果父母期待很高，孩子回家后可能会受责骂。假若老师再和蔼可亲一点的话，孩子可能会受到激励而取得成功。假设孩子经常表现糟糕，周围的人认为他是班里最差的学生，他就信以为真了，并且认为这种情况无法改变。其实，即使最差的学生也能取得进步。在最著名的人中间，有很多例子都是这样的。他们上学期间表现差劲，后来重拾勇气与兴趣，最后大获成功。

有一个有趣的事情，那就是孩子们在没有成绩的帮助下，对于大家的能力判断很准确。他们知道谁最擅长算术、拼写、绘画或者体育，并且以此划分人群。他们最常犯的错误就是认为自己无法取得进步。他们认为别人一马当先，自己永远鞭长莫及。如果孩子的这种观点根深蒂固，就会表现在他的行为中。即使是在成年之后，他也会算计自身与别人的差距，认为自己会永远落后。大部分孩子的各科成绩差不多都很稳定。他们或名列前茅，或位居中游，或者成绩垫底。我们不应该视之为天赋使然。这是他们为自己画地为牢，因而故步自封。大家绝不会不知道，班级成绩倒数的人积极进取、后来居上的例子也不在少数。儿童们应该了解，这种因循守旧的观点是错误的。老师和学生也都应该放弃“人的进步与天赋有关”的迷信思想。

先天遗传和后天培养

认为遗传可以制约人的发展，是最大的教育错误。因为，这会成为老师和家长们对孩子管教无方的借口。他们可以借此推卸教育孩子的责任。像这类想逃避责任的企图，其实都应加以反驳。教育者如若把性格和智力的发展全部归于遗传，我看不出他在自己的职业中还能做点什么。反过来说，如果能看出自己的态度和行为能够影响孩子，那他就不该用遗传的观点来逃避责任。

我指的并不是身体上的遗传。器官缺陷的遗传是毋庸置疑的。我相信，只有个体心理学才真正了解，遗传缺陷对孩子精神发展的影响。孩子会在心里估量自己器官的功能，他会判断自己的能力，据此限定自己的发展方向。因此，要知道，并不是缺陷本身影响了精神，而是孩子的态度和相应的训练对精神影响很大。如果一个孩子的身体器官有缺陷，他便认为自己的智力或性格也会受到限制。但是，这是毫无根据的。我们在前面已经说过，同样的身体缺陷，可能会激励一个人取得更高成就，也可能被当作是遏制发展的障碍。

我将这一观点公之于众的时候，遭到了很多人的攻击，说这是我的一己之见，没有任何科学依据，并不符合客观事实。然而，这是我亲身体验得出的结论，并且这种结论的正确性已被逐渐证实。如今很多精神病专家和心理学专家也对此持肯定的态度，且摒弃了流传了几千年的人格遗传的观点。每当人们想推脱自己的责任，并且用宿命论解释人类的行为时，就会抛出遗传论的观点。在出生的那一刻，他们认为孩子的善恶就已经决定了。这种观点纯属谬论，这只不过是某些人的一种借口而已，他们在拼命逃避责任。

事实上，“善”与“恶”跟其他描述人格的词汇一样，只有在社会环境下才有意义。这是人类在社会中接受教育的结果。这也是一种判断：此人的行为是“有益于他人”，还是“只为自己着想”。孩子在出生之前，不存在社会环境。在出生后，他有选择发展方向的潜能。在孩子成长的过程中，周围的环境、身体的知觉及其对刺激的理解，尤其是教育，对他的选择起到很大的影响。

智力的遗传也是如此，也许现象并不明显。然而，我们知道，兴趣是影响智力发展最大的因素，影响兴趣的因素并非遗传，而是源自对挫折和失败的恐惧。毫无疑问，大脑的构造是由遗传而来的。可是它不是思维的源头，而是一种思维的工具。以我们今天的知识来看，如果大脑的缺陷并不十分严重，通过训练完全可以得到弥补。杰出的人才并非具有超出常人的基因，而是拥有持久的兴趣和努力。

即使有的家庭连续几代人都会出现对社会卓有贡献的杰出人物，仍不能将其原因归于遗传。应该归因于家庭中的人员之间激励的结果，并且家庭传统使孩子有了继承前人业绩的想法，并在实践中不断培养自己的能力。我们都知道“有机化学之父”莱比锡的父亲曾是药店的老板，当然我们也不能说莱比锡的化学才能是遗传父亲所致。经过进一步研究，我们发现，他的环境给他提供了培养兴趣的机会，在同龄的孩子对化学还一无所知时，他对此已经相当熟悉了。莫扎特的父母对音乐很感兴趣，但是莫扎特的才能也不是由遗传得来的。他的父母希望激发他对音乐的兴趣，因此十分鼓励他学习音乐。从幼年时代起，他就处在音乐的环境里。在杰出人物中，我们经常可以发现这种“早期的开始”。他们四岁便开始弹钢琴，或者在很小的时候就为家庭成员写传记。这种兴趣是持久不衰的。他们主动大量地练习，他们一直勇往直前、毫不迟疑，也绝不退缩。

假如教师相信发展是受局限的，那么他便无法成功地打开儿童为自己戴上的枷锁。假使他能对孩子说：“你没有数学才能。”他的处境便轻松多了。可是，这样做除了使孩子垂头丧气，别无他用。我自己也有类似的经验。我在念书时，有好几年都是班上的数学低能儿，我也十分确信自己缺乏数学才能。很幸运，有一天，我竟然做出了一道难倒了老师的题目。这一次让我完全改变了之前的态度。我开始由厌恶数学变成喜欢数学，并且一直在寻找提高数学成绩的每一个机会。后来，我的数学成绩在学校里开始名列前茅。所以，我的亲身经历推翻了所有特殊天才论和先天能力论的错误观点。

即使是在拥挤的班级里，我们也能观察出孩子们之间的差异。如果我们了解他们的性格，一定比对他们一无所知更能管理他们。然而，班上的人数太多是一个劣势。有些孩子的问题不容易被发现，要适当地处理它们也是很困难的事。老师应该十分熟悉所有的学生，否则他就无法培养学生的兴趣和合作能力。假如在几年内，学生们都能跟随同一个老师，我想一定会对他们有很大的帮助。在一些学校，每半年就换一批老师。教师们都没有机会跟学生们打成一片来调查问题或者观察他们的成长。如果教师跟学生一起待上三四年，他就能更容易发现并改正学生错误的生活方式，也会更容易地把班级打造成一个社会整体。

让孩子跳班升级大多是弊大于利的。通常他会无法达到期望而不堪重负。假使某个孩子的年龄比同班同学大，或者他发育得比班上其他孩子快，也许就该考虑让他升上较高的年级。如果这个班级是一个整体，其中一个人的成功，则对其他人是有利的。只要班上有聪明的学生，整个班级就会取得快速进步。隔绝这种刺激，绝非明智之举。因此，我的看法是除了功课之外，让天资聪颖的学生参加其他的活动，培养他的兴趣——例如绘画等。他在这些活动中的成功，也会激发其他儿童的兴趣，并鼓励他们前进。

让学生留级更不乐观。所有的教师都这样认为：留级的学生不管在哪都是个问题。当然他们不是全部如此，有少数人留级也不会造成任何问题。但是，大多数的留级生在班上还是落后，又调皮捣蛋。同学们对他们都没有好印象，他们对自己的能力也很悲观。在现行教育制度下，我们不能轻易废除留级制度，这是我们的一大难题。有些教师利用假期来培训落后的儿童，让他们认清他们在生活方式中所犯的错误，使他们不必留级重读。认识到错误后，这些孩子在第二学期起，就能跟上功课了。事实上，这是我们真正帮助落后学生的唯一方法，让他明白错误估计了自己的能力，我们就能让他依靠自己，奋勇前进了。

每当我看到孩子们被分成快慢班，我都会注意到一个事实。由于我的经验都是在欧洲得来的，我不知道它适不适合美国。在慢班里，我总能看到弱智儿童或者贫穷的孩子们在一起玩。在快班里，大部分都是富裕家庭的孩子。这种情况已经很明显了：穷人家的孩子准备不足，家长们也面临诸多困难。他们没有时间或者自身文化水平不高，无法指导孩子学习。我并不认为那些基础略差的学生就该分到慢班。训练有素的教师应该知道如何应对这种情况，假如让他们和基础较好的儿童相处，他们必然会获益良多。如果把他们编入慢班里，他们很快就会意识到这个问题。快班的儿童对此也心知肚明，并且瞧不起这些孩子。它或者会让人失去勇气，或者会让人奋发有为。

个性发展

原则上，应该支持男女合校。它能让男孩和女孩相互了解，并且学习怎样与异性合作。可是，相信男女合校便能解决所有问题，也是很荒唐的。男女合校本身也存在问题。除非认清这个问题，并严肃对待，否则的话，两性之间的距离反倒会更大。比方说，十六岁之前，女孩都发育得比男孩快。假如男孩子不了解这一点，他们便很难维护自尊心。他们眼看着自己被女孩超过，而自惭形秽。在以后的生活里，他们可能会因此而不敢和异性竞争。

赞成男女合校并了解相关问题的教师，能够利用这种制度完成许多事情。但是假使他不充分信任，或毫无兴趣，便注定要失败。另外一个困难是：如果对孩子们教育不当，或监管不力，那么性的问题就会兴起。在学校中，性教育是非常复杂的问题。教室并不是施行性教育的适当场所，如果教师对整个班级讲述这些东西，他根本无从知道是否每个学生的理解准确无误。他可能会引起他们的兴趣，但是却不知道孩子们是否能够接收它们，或如何将它们融入自己的生活中。当然，如果孩子希望多知道一些，而私下向他提出各种问题，教师就应该给他真实而坦率的回答。这样，他便有机会判断孩子真正想知道的是什么，并将他引入正途。但是，如果经常在班上讨论性问题，必定是有害的。有些孩子一定会发生误解，而把性当作是件无关紧要的事，这并没有什么好处。

任何在儿童心理方面受过培训的人，都很容易区分出不同的类型和生活方式。儿童合作的程度可以从他的姿势、观察和倾听的方式、与同伴的距离、与人相处的融洽程度和他的关注能力上得到一些结论。如果他忘了自己的作业或者丢了书包，可见，他并不喜欢上学。我们必须要找出他为什么讨厌上学的原因。如果他不跟其他同学一起玩，我们就能推断他不合群，并过分关注自我。如果他依赖他人，我们就知道他缺乏独立精神，总想依赖别人。

有些孩子只有在赞美和表扬下才会去做作业。很多被宠坏的孩子只有得到老师的关注，才会好好学习；如果老师忽略了他，问题就会立刻出现。他们不受关注，就会失去任何兴趣和信心。这样的孩子常常在数学方面表现不好，他们往往对公式和规则记得很熟练，可一旦运用，就不知所措了。这些似乎都微不足道，但是正是这些坐享其成、一心为己的孩子变成了我们生活的最大威胁。假如态度不变，他们成年后必定会成为别人的累赘。

另外还有一种孩子，他们决心要成为引人注目的焦点。假如不能如愿，他们便会恶作剧，扰乱班上秩序，并带坏其他孩子，以此引发关注。责备和惩罚都改变不了他，这些正中他的下怀。他宁可受痛打，也不愿被忽视。他的痛苦只不过是为自己的欢乐所付出的一点代价。对许多儿童而言，惩罚只是视其能否继续其生活方式的一种挑战，他们把它看作是一场比赛或游戏，看看谁能撑得更久。结果他们总是赢，因为主动权掌握在他们手里。所以有些喜欢和老师或父母作对的孩子在受到惩罚时，不但不哭，反倒会笑。

懒惰的孩子，除非是为了对抗自己的老师或父母，否则他们一定是志向远大而内心敏感的儿童。每个人对于成功的定义不尽相同，当我们遇到一个将任何事都看成失败的孩子时，定会感到吃惊。有人认为，只要不能超过别人，就是一种失败。即使他非常成功，只要有人比他更好，他就会如坐针毡。懒惰的孩子根本就不知道什么是真正的失败，因为他没有接受过任何真正的考验。他总是处处逃避困难，尽量避免与人竞争。别人都会认为，如果这个孩子不是这样懒惰，可能会克服一切困难。而这正好也为他找到了躲避问题的理由，他们会说："如果我努力去做，什么事都可以做成。"但是当遭遇失败，他们又自我解嘲："我只不过是有点儿懒而已，并不是没有能力。"以此来维护自尊。

有时，老师会对那些懒惰的学生说："只要你勤奋一些，一定会成为班里最优秀的学生。"如果他不费吹灰之力就得到了如此评价，那么，他为什么还要努力，万一失去它呢？也许在他变得勤奋的时候，别人就会明白他并不是什么"身怀绝技"的人了。此时，别人开始根据他的成就来评价他，而不是以他的潜力来判断他。懒惰的孩子还有一点好处：即使做了一点点工作，也会得到别人的称赞。大家都能看出他的改变，并想尽力激励他继续前进。同一份工作，假如是勤奋的孩子做的，可能会遭到无视。懒惰的孩子就以这种方式，生活在人们的期待中。他也是个被宠坏的孩子，他从小便学会了不管什么事都想要别人帮他完成。

还有一种孩子容易引起我们的注意，那就是在孩子中间总是带头的人。人类无论何时都不能没有带头的领导，但是真正需要的是那种顾全大局的领袖，然而这样的人却不多。喜欢扮演领导角色的孩子们只是喜欢驾驭别人。只有在这种情况下，他才会参与其中。所以，这类孩子的未来并不乐观。在以后的生活中他们会遇到各种各样的烦心事。如果同是这种性格的人走到一起，不管是婚姻、事业或是交友，其结果不是悲剧就是闹剧。他们都想控制对方，奠定自己的领导地位。有时，一个孩子总是以领导的身份指派家人做这做那的时候，人们总是觉得很好玩，并开怀大笑，任其发展下去。可是，老师们很快就会发现，这种做法并不能培养出利于他们融入社会的性格。

孩子们性格迥异，我们并不主张把他们塑造成固定的类型或统一的模式。我们只是希望阻止他们走向失败。这些趋势在儿童时代是比较容易防止或纠正的。如果它们未被纠正，将会对成年的社会生活造成严重影响。儿童时期的错误和成年后的失败是一脉相承的。那些神经功能症患者、酗酒者、罪犯或自杀者，大都是没有合作精神的人。焦虑症患者大多害怕黑暗、陌生人或新情境。忧郁症患者是爱哭的小孩。在我们现代的社会中，我们无法期望接触到每一位父母，帮助他们避免错误。最需要给予忠告的父母都是最不合作的父母。然而，我们却可以接触有的老师，然后由他们来接近所有的学生，以矫正他们的错误，并让学生们成为独立自主、富有激情、乐于合作的人。在我看来，这也是谋求人类幸福的最强大的保障。

对教学工作的观察

正是基于这个目的，大约在十五年之前，个体心理学创建了顾问委员会。维也纳以及欧洲很多城市的事例证明，它的价值是非凡的。理想远大、信心十足绝对是件好事。但是如果没有好的途径，一切都是枉然。经过十五年的实践，可以说顾问委员会非常成功，并向我们提供了解决儿童问题和教育儿童的最好工具。当然，我相信如果顾问委员会是以个体心理学为基础的话，它必能成功。但是我也看不出有什么理由去反对和其他学派的心理学家合作。事实上，我一直主张顾问委员会应该和各不同学派的心理学联合，并且与各学派所得结果进行比较。

顾问委员会所倡导的方法就是要有一位经验丰富的心理学家，善于处理教师、家长和儿童遇到的困难。另外，他要深入教师，并跟学校的老师相互探讨他们工作中遇到的问题。当他到学校时，教师便向他描述某个儿童的个案及其表现。这个孩子也许很懒，也许争强好胜、逃学、偷窃，或者学习很差。心理学家要运用自己的经验和教师展开讨论。孩子的家庭生活、性格和发展都应得以描述。首次发生问题的具体环境也必须予以特别注意。然后教师们向心理学家询问造成这个问题的可能原因，以及应该如何处理。由于他们有丰富的经验，他们很快便能获得一致的结论。

在心理学家到来的那天，母亲和孩子也应该在现场。当他们决定了采取某种最佳方式与母亲沟通，并施予她影响以及分析孩子失败的原因，然后再把母亲叫进来。母亲会透露更多的信息，心理学家和孩子的母亲共同探讨，并建议母亲怎样帮助孩子。通常母亲很高兴有这种讨论的机会，并很愿意合作。如果她有些犹豫，心理学家或教师可以举出类似的例子，从中可以找到适合这个孩子的各种结论。

然后让孩子进入房间，心理学家开始跟他对话。谈话内容并不涉及他的错误，而是当前面临的问题。他要找出阻止孩子正常发展的观点和判断，以及他不注意而别人很重视的信念等等。不要责备孩子，要友好地跟孩子谈话，这会给人全新的感觉。要是提到孩子的错误，最好提出一个假设案例，并询问孩子的看法。对这种工作没有经验的人，在看到孩子理解正确，并改变自己态度的速度时，一定会惊讶万分。

在这方面接受过我培训的教师们，都对它兴趣盎然，无论如何都不肯放弃它。这使他们在学校中的工作更为有趣，也增加了他们获得成功的机会。没有人认为它是一种额外的负担，因为困扰他们多年的问题经常在半小时内便得到了解决。整个学校的合作精神提高了，经过一段时间后，严重的问题完全消失了，只有一些细枝末节需要加以处理。教师们事实上都成了心理学家，他们已经懂得要了解整体人格，以及它各种表现的一贯性。如果在日常教学中发生了什么问题，他们也能够自己解决。事实上，我们的希望也是如此，如果教师们都受了良好的培训，也就不需要心理学家了。

比方说，如果班上有一个懒惰的孩子，教师就应该建议孩子们举办一次关于懒惰的讨论会。他可以用下列题目作为题材："懒惰是怎么来的？""它的目的是什么？""懒惰的孩子为什么不想改变？""应该在哪些方面做出改变？"孩子们讨论后，可以得出一个结论。那个懒惰的孩子可能不知道他就是这次讨论会的起因，但是他有这样的问题，因此会对它感兴趣，并从其中学到很多东西。如果他受到攻击，他必定会一无所获，但是如果他无意听到，就会认真考虑，进而改变自己的观点。

理解孩子非教师莫属，因为他们与孩子们并肩奋斗，朝夕相处。他见过的孩子类型繁多，沟通技巧娴熟，能与孩子们打成一片。孩子在家庭生活中犯的错误会持续下去，还是被纠正过来，都听任于他。就像母亲一样，教师是人类未来的监护人，他的贡献是无法估量的。

第八章　青春期

青春期的特点

关于青春期的书籍可谓汗牛充栋，且几乎所有的书籍都认为青春期是形成人格的关键时期，充满突变的危险。但是如果这种危险还不足以改变人的性格。孩子在青春期的成长中要面对新环境，迎接新的考验。生活好像离自己越来越近，一直隐藏的错误的生活方式也逐渐显现出来。它们早就存在，虽然这些错误会被经验丰富的人一眼看穿。然而，它们现在会更加明显，我们再也不能熟视无睹了。

几乎对每个孩子而言，青春期中最重要的一件事情就是：他必须证明自己已经不是个孩子了。我们也许可以设法让他相信，这是理所当然的。如果我们做到了这一点，就能消除许多紧张的气氛。假如他觉得一定要证明它，他就会过分强调自己的立场。青春期的许多行为都是各种期望的表现：人格独立、人人平等、男子气概或女性气质等等。这些表现取决于儿童对“成长”意义的理解。如果在他们心中“成长”就是不受约束，他们就会为所欲为。并且这是青春期的一个常见现象。还有很多孩子还会学着抽烟、骂人或夜不归宿。有的人会出人意料地与父母为敌，致使父母对一向顺从自己的孩子感到疑惑。其实并非孩子对父母有了另一种态度，而是在孩子心中一直在和父母作对，只是在他们有了对抗能力的时候才表现出来。有一个平时经常被父亲打骂的男孩，看似很顺从，其实内心一直正在等待报复的机会，等到他认为自己羽翼丰满的时候，就公然与父亲作对，痛打了父亲，然后离家出走了。

大多数的孩子到了青春期都会享有较多的自由和独立。父母不再觉得他们有权时刻监督孩子。如果父母亲想再继续监督孩子，孩子必定会更努力地摆脱控制。父母越想证明他还是个孩子，他的反抗就会越激烈。这种争斗会形成对抗的态度，结果便构成“青春叛逆”的典型场景。

我们并不能确定青春期的时间范围。大约从十四岁开始，到二十岁左右结束。但是，有时候孩子十来岁就进入青春期了。在此期间，身体各个器官迅速发育，有时候，它们的功能并不协调。孩子变高，手脚变大，可能他们变得消极、笨拙。孩子们需要训练自己的协调能力，但是如果受到批评或者嘲笑，他们就会认为自己笨手笨脚。内分泌腺对儿童的发展也有影响，它们会促进其功能的发展。然而，这并不是突然的完全改变，内分泌腺在出生之前便已经开始起作用，现在它们的分泌增多，第二性征也更为明显。男孩子开始长胡子，声音也变得粗哑。女孩子的体形逐渐丰满，变得更女性化了。这些都是常常使青少年感到疑惑的事情。

自我挑战

如果孩子还没有准备好应对成年生活，当遇到交友、爱情和事业的问题时，他们就会变得不知所措。他们认为自己根本没有能力解决这些问题。对于社会，他变得腼腆矜持、与世隔绝，把自己禁锢起来。在工作方面，他对任何事情都不感兴趣，也不认为自己会成功。在爱情和婚姻方面，他与异性相处就会忸怩不安或者不敢面对。在与人交谈时，他会面红耳赤，无言以对。这样，他就会日渐绝望。最后，他会对生活问题彻底绝望，以至于无人理解。他对别人不闻不问，整日无所事事。他终日幻想，只会做一些令人作呕的自慰行为。这就是一种精神错乱，被称为“早发性痴呆”。但是这个病症也只是一个错误。如果这时我们对他进行鼓励，指出他的错误，并让他走上正确的道路，他的病就会痊愈。但是，这个问题并不容易解决，因为整个生活方式及其教育必须予以改正。必须以科学的视角审视过去、现在和未来的意义，而不能个人猜测妄加评论。

青春期的所有危险，都是由于缺乏对生活的三大问题的训练和准备所造成的。如果孩子对未来心怀畏惧，他们自然会以最省力气的方法来应付它。然而，这种简单的方法却是没有效果的。孩子们受到命令、告诫和批评越严厉，他们越会觉得被逼到了悬崖上。我们越把他向前推，他就越往后退。

除非我们鼓励他，否则便无法帮助他，甚至会伤害他。他悲观胆小，我们不能期望他砥砺前行。这个时期的少数孩子不愿意长大，他们奶声奶气地说话，跟小孩子一起玩耍，假装自己永远也长不大。但是，绝大多数人喜欢模仿大人的行为。

如果他们不是真的勇敢，他们就会讽刺性地模仿成年人。他们模仿大人的手势，喜欢大把花钱，调戏异性并陷入爱情。在一些反面例子中，男孩子如果不知道如何面对这些问题，并且行为没有张弛有度，那么他就会踏上犯罪的道路。尤其是在少年时犯过错误，却没有暴露，这个人便会自作聪明，想一直掩人耳目，这种情况下，犯罪最易发生。犯罪是逃避生活问题的简单方法之一，特别是在金钱方面。因此，在十四岁至二十岁之间的少年罪犯有急剧增加的趋势。在此，我们面临的并不是一种新的情境，而是儿童本身的缺点逐渐显现的巨大压力。

一个人在儿童时期，他的活动范围较小，也容易饱受功能疾病和神经失调的危害。每种神经病症都是为了逃避生活问题的借口，因为它不用降低自我优越感。当一个人面对社会问题时，如果无法用社会方式解决，他便会出现神经症状。社会问题会造成精神极度紧张。在青春期，身体对于神经刺激非常敏感，所有的器官都高度紧张，进而影响整个神经系统。

身体器官的刺激也可能会被当作犹豫和失败的借口。这样，这个人就可以用痛苦作为借口来逃避责任。神经功能症的结构是完美的，每个患者都会夸大压力。他也非常明白社会责任感和解决问题的必要，只有在这种情况下，他才不用负责。他的借口就是神经功能症。他的态度就是“我很想解决所有问题，但是很不幸，我正病着呢。”这一点就是他和罪犯的不同之处。后者经常毫不掩饰自己的恶意，他的社会感已经抛至脑后了。神经病患者的动机虽然善良，但是撇开他的动机不谈，他的行为却居心叵测、自私自利，有意要妨害别人。罪犯的敌意虽然明目张胆，却为了压抑自己的社会感而努力百倍。我们很难确认他们哪一类对人类的损害更大。

青春期的问题

在青春期遭受失败的孩子，大部分是被宠坏的儿童。对于那些饭来张口、衣来伸手的儿童来说，成年人的责任是一种特殊的负担。他们仍然希望得到宠爱，但是随着年龄的增长，他们发现自己不再是众人瞩目的焦点了。因此，他们对生活吹毛求疵，他们成长的温暖环境是人工的，所以会感到外部的气氛冷酷异常。这时，就会出现成长的倒退。这类孩子大都会在学习方面失败，以前看起来天资没有他们高的儿童，会赶过他们并展现出不容置疑的能力。这和他们以前的历史并不相冲突。也许一直被人看好的孩子，很害怕辜负别人对自己的期望。只要他继续受到帮助和赞赏，他便能奋勇前进，但是当环境需要他独立奋斗时，他却失去勇气，向后退却。别人则被这种新的自由所激励。他们看到了面前的坦途大道，他们心中充满了新的构想和规划，他们的生活变得更富有创造性，他们的兴趣变得更加清晰、强烈。这些都是勇于担当的孩子，对他们而言，独立并不意味着面临困难和失败的风险，而是成就自我、奉献社会的良机。

随着交际范围的扩大，受到冷落或者忽视的孩子可能会希望得到赞赏，很多人对此着了魔一般。如果一个男孩只想得到赞美，那是很危险的。但是，女孩经常缺乏自信，别人的赞美就是证明自己价值的方式。这些女孩会轻易地被花言巧语的男人俘获。我经常发现在家里不受喜爱的女孩子开始跟别人发生性关系，其目的不仅仅是证明自己长大了，而是通过这种方式得到欣赏，并成为他人注意的中心。

有这样一个女孩，出生在一个贫苦的家庭中。她有一个体弱多病的哥哥，所以，母亲的心思基本上都用在了哥哥身上。当她出生时，也没能得到好的照顾。更为不幸的是，在她童年时期，父亲也卧病在床，这样母亲就更没有时间去照顾她了。

这个小女孩很早就知道被照顾有多么幸福，因此她一直想得到这样的待遇，但是在家里却找不到。此时，小妹妹出生了，父亲也痊愈了，母亲自然把精力全部用在了小妹妹身上。因此，这个女孩觉得只有自己没有得到关爱和温暖。她并没有放弃，她在家里表现良好，在学校里也是最优异的学生。因为她很出色，所以得以继续自己的学业。她进入了一所高中，但是老师们都不了解她。起初，她理解不了新学校的教学方法，她的功课开始落下了，老师批评了她，她变得越来越沮丧。她太需要别人的欣赏了。当在家里和学校都无法获得欣赏时，去哪里能得到呢？

她四处寻找欣赏她的男人。有过几次经历之后，她离家出走了，跟一个男的待了十四天。家人非常担心她，到处去找她。我们也能预测会发生什么。不久，她就被找到了，但是她仍然得不到欣赏，也开始为自己的行为感到后悔。她这次又想到了自杀，她向家里寄了一封信，“别担心，我喝了毒药。我很开心”。其实，她并没有服毒。因为她心里很清楚，父母仍然爱着她，她还可以赢得他们的关注。所以她没有做傻事，只是等着母亲来找她，然后把她带回家。假如当初女孩明白自己的一切行为只不过是想得到他人的欣赏，也许就不会发生这样的事了。如果她的高中老师也了解这一点，就可以避免所有的事情。之前，女孩的成绩一直很优异，如果她的高中老师知道她是一个对成绩极为敏感的人，需要细心的照顾，也不会让她对生活失去希望。

在另一个案例中，一个女孩子出生在一个父母性格都很柔弱的家庭里。她的母亲一直想要个男孩，对这个女孩子的出生自然是大失所望。她一直很瞧不起女性的地位，她的女儿肯定能感觉到。她不止一次地听见母亲对父亲说：“这个女孩子一点都不讨人喜欢，长大后，一定不会有人喜欢她。”或“她长大后，我们该拿她怎么办呢？”在这种不良的气氛下度过十几年后，她看到了母亲的一个朋友的来信，因为只有一个女儿，朋友在信中安慰她说，她还年轻，将来总会有男孩子的。

我们可以想象这个女孩子会有什么感觉。几个月以后，她到乡下去访问一位叔叔。在那里，她遇见了一个智力低下的男孩，并且变成了他的情人。后来，他甩掉了她，但是她依旧对他一往情深。当我看到她时，她已经交过了一堆男朋友，可是却没有哪一段感情能令她称心如意。她来找我，是因为她现在患有焦虑性神经病，不能单独一个人出门了。当对别人欣赏的方法不满意时，她就会尝试另外一种。现在，她是以自己身体的痛苦来谋求家人的关注。除非她自己愿意，否则别人都无法给她提供帮助。她号啕大哭，以自杀相威胁，把家里闹得鸡犬不宁。我们很难让这个女孩子看清青春期的种种状况，也很难让她相信，自己把别人的欣赏看得太重了。

青少年性心理健康

青春期的孩子们都会过分重视或大肆渲染性关系。他们希望证明自己已经长大了，结果却过犹不及。假使一个女孩子认为自己一直受母亲的压迫，而企图反抗，她就很可能和遇上的任何男人发生性关系。她根本不在乎母亲知不知道，其实，假如能叫母亲为她担心的话，她才高兴呢！因此，我经常发现，有些女孩子在和父母争吵过后，便跑到街上和遇见的第一个男人发生关系。这些女孩子以前一直都是很乖的，她们的教养很好，任何人绝不会料到她们会做出这种行为。我们能够了解，这些女孩子并不是真的罪恶深重。她们只是想法错误，她们觉得自己处于卑下的地位，而这是她们能想到的变得强大的唯一方法。

许多被宠惯的女孩发现自己很难适应女性的角色。在我们的文化中，有一种根深蒂固的想法，认为男性总比女性优越。结果她们便不喜欢身为女性，而表现出所谓的“男性倾慕”。男性倾慕的表现多种多样。有时候，我们看到的是对男人的厌恶或回避。有时候，她们虽然喜欢男人，可是和他们在一起时却忸怩不安，说不出话来。她们不愿意参加有男性的集会，当面临性的问题时，十分别扭。当她们年岁渐增时，她们虽然也说自己着急结婚，但是却从不接近异性，也不和他们交朋友。有时，我们发现对女性角色的厌恶在青春期会表现得更为激烈。女孩的举止比以往更带有男孩的特征。她们喜欢模仿男孩子，并且发现模仿他们的恶习简直易如反掌，比方说，抽烟、喝酒、骂人、加入流氓团伙以及滥交等。

她们对自己行为的解释是，假如她们不这样做的话，男孩子们就不会对她们感兴趣了。对女性角色的厌恶进一步发展的话，我们就会发现卖淫或其他堕落行为。几乎所有的妓女从生活的早期，就认为没有人喜欢她们，这种想法是根深蒂固的。她们相信自己是天生要扮演低贱角色的，她们永远无法赢得任何男人的真情和兴趣。我们不难了解，在这种环境下，她们是多么容易自暴自弃，并轻视自己的性别角色，认为它只不过是一种赚钱的工具而已。对女性角色的厌恶并不是在青春期才产生的，我们发现这种女孩从儿童时期，便讨厌自己的性别。只是在小时候，她们没有表现出这种厌恶的需要或机会而已。

并非只有女孩才受"男性倾慕"之害，所有过分看重男性化特征的孩子都怀疑自己是否强壮，是否有男人味。我们的文化对男性过于重视，会给男孩和女孩都造成困扰，尤其是当他们对自己的性别角色没有自信时。很多孩子长大时，还会抱有改变自己性别的幻想。在儿童两岁的时候，他们就应该明确知道自己是男孩还是女孩了，这一点是非常重要的。有时候，长相比较女性化的男孩，也会遇到很多困惑。陌生人常常会弄错他的性别，即使是家人的朋友也可能对他说："你要是个女孩子就好了。"这种孩子很可能把自己的外表当作是一大缺憾，并且认为爱情和婚姻是对自己的严酷考验。对自己的性别角色没有信心的男孩子，在青春期时会有模仿女孩子的倾向，他会变得带有脂粉气，并伴有被宠坏女孩子的恶习，如搔首弄姿，装腔作势，乱发小姐脾气，等等。

孩子在四五岁的时候就已经形成了对异性的基本看法。这种性的驱动力在几周大的时候就可以看出，但是没有适当的时机，我们无须去触动它，所以这时他们的表现都是极其自然的，我们无须感到惊讶。比如，孩子在一岁之前，他们也许会观察或抚摸自己的身体，为此我们不用太担心，但是我们可以通过转移孩子的注意力，让他们不再关注自己的身体，而去关注周围的环境。如果他们的这种行为总是发生，我们可以确认孩子的这种举动并不是性的驱使，而是他想利用这种方法达到自己的某种目的。这时，就要另想办法了。比如，他触摸自己的时候看到父母很担忧，容易吸引父母的注意力，所以他就常常利用这种方法吸引父母的目光。如果他们的这种行为并不能吸引别人，他就不会再继续了。

我曾经说过不应给予孩子们身体上的刺激。通常，父母们非常疼爱他们的孩子，孩子也十分喜欢他们。为了增进情感，父母总是搂抱他们或亲吻他们。他们知道这是不适当的，他们也不应该如此残忍。孩子们在心灵上也不应该受刺激。孩子们和成年人在回忆童年时，都经常告诉我，当他们在父亲的书房中看到某些色情图片或此类影片时，而引起了某种感觉。他们实在不宜观看这种图画或影片。如果我们不去刺激他们，就不会惹出麻烦。

至于另外一种形式的刺激，就是给孩子们提供不必要和不适宜的性知识，我们在前面已经提过了。许多成年人似乎有一种散播性知识的狂热，他们生怕孩子长大后，仍然对这方面一无所知。假设我们回顾自己或别人的经历，我们看不出有他们预期的那种灾难。我们最好等好奇的孩子们主动提问时，再告诉他们。如果父母对孩子相当留意的话，即使他不开口，他们也会了解他的好奇心。假若把他们当作密友，他就会向父母发问。此时，父母应该化繁就简、深入浅出地给孩子解释。

还有，父母在孩子面前，最好也避免过分亲密的表现。如果可能的话，孩子不要和父母亲睡在同一个房间里或同一张床上。更理想的是，他也不要和哥哥或姐姐睡同一个房间。父母对其子女的发展应该密切注意，不能掉以轻心。如果他们对孩子的性格和目标没有认识，他们就不知道孩子在哪些方面或以什么方式正在接受他人的影响。

几乎所有人都迷信地认为青春期是一段隐秘的特殊时期。在这一时期，人的发展阶段被赋予了高度的私人意义，变化也可以用天翻地覆来形容。同样，人们对于更年期看法也如出一辙。但是，这些阶段的变化谈不上大相径庭，它们只是生活的延续，其现象也没有什么重要意义。重要的是个人在这一阶段期待什么，他又赋予这一阶段什么意义，以及面对它的方式。人们对青春期的到来常常会惊慌失措，仿佛见了鬼怪一般。如果我们准确地了解这些事情，我们就会知道，孩子们并没有受青春期的影响，只不过社会要求他们把自己的生活方式做一些调整。然而，年轻人却相信，青春期是一切事物的终点，他们的价值和尊严都失去了。他们已经不再有合作和奉献的权利，因为，他们相信人们不再需要他们了。青春期的所有问题都是从这些感觉发展而来的。

如果这个孩子已经知道了自己与他人互相平等，并了解要奉献社会，尤其是他要学会将异性看作是平等的伙伴，那么，青春期只是给他提供了一个机会，让他开始对成年人的生活问题做出独立而有创造性的解答。如果他的认知能力比别人低，如果他对环境抱有错误的看法，就好像他没有准备好享受青春期的自由。如果有人强迫他去做自己分内的工作，他也能够完成。如果让他自己处理的话，他就会胆小如鼠，一事无成。这种孩子很适应奴隶般的生活，但是一旦获得自由，他就不知所措了。

第九章　犯罪及其预防

了解犯罪心理

个体心理学给我们揭示了各种类型的人。但是，人类之间断然不会有天壤之别。我们可以观察到犯罪分子身上的问题。问题少年、精神病患者、自杀者、酗酒者和性变态的困扰也是这样的。他们用来解决生活问题的方法全都失败了。显而易见的一点就是，他们以同样的方式遭到失败。每个人对社会责任都毫无兴趣，也不为他人考虑。即便这样，纵使他们离经叛道，我们还是无法区分他们，因为没有人可以被奉为具有社会情感和合作精神的模范。罪犯的错误只不过比平常的错误更大一些罢了。

另外就是要理解罪犯的心理。在这方面，他们跟其他人是一样的。我们都希望能克服困难，我们都在努力实现自己的目标，即变得强大、卓越、完美。杜威教授把这种倾向称之为安全需求。别人把它称为“自我保护”（self-preservation）。但是，无论如何称呼它，我们都应该注意到人类以此为活动主线，这即是人类从自卑迈向优越、从失败走向成功、由低级到高级的奋斗过程。它从我们的童年开始，到死亡时结束。生命意味着超越障碍、克服困难，在地球表面顽强生存。因此，如果在罪犯身上也发现了这一点，我们无须少见多怪。罪犯所有的行为和态度都表明，他在努力追求卓越、解决问题、克服困难。他之所以与众不同，是因为选择的方式不一样。他在奋斗的方向上出现了偏差。他这样选择的原因是，不懂社会要求，不关心同伴。由此，我们可以完全理解他的行为了。

因为与很多人的意见相左，所以我想特别强调一点。他们把罪犯归结于人类的例外，跟普通人完全不一样。例如，一些科学家声称罪犯都是低智商的人。一些人认为遗传基因起了决定作用，他们相信，罪犯天生邪恶，无法避免犯罪。还有一些人坚信是环境决定的，不可改变。正所谓：一日为恶，终生为恶。现在，很多证据都有力地反驳了上述观点。我们也应该认识到，一旦接受了上述观点，犯罪问题便无法得到解决了。在有生之年，我们都想把这种人间灾难斩草除根。我们也知道犯罪自古便是人类的顽疾。当今，我们迫切地希望做些事情，绝对不能对此置若罔闻，推脱说："这些都是遗传问题，无法改变。"

在环境和遗传中，都没有强迫性。来自同一家庭、相同环境的儿童发展也各不一样。有时候，罪犯会出现在一个世代清白的家庭。有时候一个家风败坏、罪行累累的家庭中的孩子却品行端正。有时候，一些罪犯会痛改前非。一个强盗到了三十岁的时候，可能会洗心革面、重新做人，一些犯罪心理学家对此也是人惑不解。如果犯罪是天生的一种缺陷，或者是由环境决定的，这个事实就令人费解。但是，从我们的观点出发，理解起来就轻而易举了。这个人可能有了优越的条件，他的压力也变小了，所以他错误的做法也不会显现了。也许，他的愿望已经得到了满足。还有一条就是，他可能老了，变得肥胖笨拙，不适于偷盗了。可能他的关节僵硬，无法再飞檐走壁了，入室行窃对他来说已经力不从心了。

在做进一步讨论之前，我希望先澄清罪犯都是疯子的观念。虽然有许多精神病患者也会犯罪，但是他们的罪行却属于完全不同的类型。我们并不认为他们应该为此负责，他们不理解这是犯罪，所以才会将错就错。同样的，我们也应该撇开心智低能的罪犯，他们只是一件工具而已。真正的罪犯是那些背后的主谋，他们描绘出一幅美丽的愿景，激起了心智低能者的幻想或野心。然后他们自己藏起来，让这些牺牲品去执行犯罪计划，并冒受惩罚的危险。当然，当经验老到的罪犯唆使青年人犯罪时，情况也是如此。老奸巨猾的罪犯做好计划，再哄骗孩子们去执行。

现在，让我们再回头讨论之前提及的活动主线：每个罪犯——以及其他人——都遵循着这条主线在追求胜利，追求稳固的地位。在这些目标之间，有许多差异和变体。我们发现罪犯的目标总是在追求自身的优越感。他所追求的对别人没有一点儿贡献，他也不跟别人合作。

社会需要成员，我们互相需要，且都有合作能力，人人各尽其才。但是，罪犯的目标却不包括对社会的贡献，这就是犯罪行为最显著的一面。之后，我们将会讨论它是怎么来的。现在我所要谈的要点是，如果我们要了解一个罪犯，就要找出他在合作中失败的程度和本质。

罪犯之间的合作能力不尽相同。他们有的严重缺乏，有的则较轻微。例如，有些人只是偷鸡摸狗，绝不越界，有的人则宁愿犯下滔天大罪。一些人是犯罪主谋，其他人则充当马前卒。为了了解犯罪的不同类型，我们必须进一步考察个人的生活方式。

个人典型的生活方式很早便建立起来了。在孩子四五岁的时候，我们已经可以看出它的主要特征了。因此，我们不能认为改变它是件容易的事情。这是人的性格，只有了解在性格形成中犯的错误，才能对症下药。我们看到很多罪犯已经被惩罚多次，受尽了侮辱和歧视，并被剥夺了各种社会权利，却依然死不悔改，继续为非作歹。并不是经济原因迫使他们犯罪。确实，在经济困难的时期，人们压力大增，犯罪率会有所上升。统计结果显示，犯罪的增长率与小麦的价格成正比。但是，这并不足以说明经济恶化是犯罪的原因。这只能表明，人们的行为是受控制的。他们的合作能力有限，当达到这些界限时，他们就不会贡献什么了。他们从此拒绝合作，开始实施犯罪。从其他事实来看，我们发现很多人在优越的条件下都不会犯罪，但是当生活中出现了他们无法应付的问题时，他们就会铤而走险。也就是说，人的生活方式，即解决问题的方法，才是最重要的。

从个体心理学的这些经验中，我们最终可以得出一个简单的结论。犯罪分子毫不顾及他人，他们的合作限于很低的程度。当超出这个度时，他就会犯罪。当他不能解决问题时，就会超出限度。思考一下那些必须面对，而罪犯却无法解决的生活问题是很有趣的。最终，我们的生活中，好像除了社会问题之外，便没有问题了。只有我们关爱他人，这些问题才能迎刃而解。

个体心理学把生活的问题分成三大类。第一类是和他人的关系问题，也就是友谊问题。罪犯们有时候也会有朋友，但大多只是一丘之貉。他们结党营私，却也能彼此推心置腹。但是，在此我们马上可以看出他们缩小了自己的活动范围。他们不能和社会上的正常人为友。他们把自己当作是局外人，在与（社会）同伴相处时，不知道要怎样做才能觉得自在。

第二类的问题包括与职业相关的各种问题。当问及他们这方面的问题时，许多罪犯会回答："你根本不知道干活有多累！"他们认为工作是辛苦的，他们不愿意像其他人一样努力拼搏。正经的职业意味着关爱他人并乐于奉献，但这正是罪犯人格中所缺少的。这种合作精神的缺乏很早就会表现出来，所以大部分的罪犯无法解决工作问题。大多数的罪犯都是不学无术、身无所长的人。如果你追溯一下他们的经历，将会发现他们在学校期间，甚至在进学校之前，就已经困难重重了。他们从来没有学过合作。但是，要解决职业问题，必须先学会与人合作。如果他们找不到工作，我们也不能责怪他。这种情况就像一个没有学过地理的人去参加地理考试一样，他不是答错就是不会。

第三类囊括了所有的爱情问题。美好的爱情生活中，配偶之间的兴趣和合作是同等重要的。有件令人注意的现象是，被送进管教院的犯人，在入院之前，有半数患有性病。这个现象表明，他们想用简单的方法来解决爱情问题。他们把伴侣当作是一笔财产，经常我们会发现他们认为爱情是可以购买的。对这种人而言，性生活是征服，是占有。这是他们应得的东西，而不是在生活中互相合作。"如果不能随心所欲地得到想要的东西"，有许多罪犯说道，"活着还有什么意思？"

现在，我们可以看到该从什么地方开始治疗罪犯了。必须让他们学会合作，如果只把他们留在感化院里，是无济于事的。他们获释后，可能会再危害社会。在目前的情况下，这一点是毫无疑问的。社会是绝对无法与犯罪完全隔离的。因此，我们必须认真思考："既然他们不适应过社会生活，我们该拿他们怎么办？"在所有的生活问题中都不能与人合作，这个缺陷可不容小觑。在一天之中，我们时时刻刻都需要合作。我们与他人合作的能力就表现在观察、谈吐和倾听的方式之中。如果我的观察没有错误，罪犯们看、说、听的方式都和别人不同。他们有不同的语言，不难理解，这种差异会阻碍他们智力的发展。当我们说话的时候，我们总希望每个人都能了解我们。了解本身就是一种社会因素。我们赋予语言同一种解读，是因为我们心有灵犀。语言对于罪犯来说却大不相同，他们有自己的逻辑和自己的理解。

我们可以从他们对自己罪行的解读方式中看出，他们既不愚笨，也不是弱智。如果我们承认他们虚幻的个人优越感，他们的结论就是十分正确的。也许有个罪犯会说："我看到一个人有条很好看的裤子，而我却没有，所以我要杀死他！"现在，如果我们也承认他的目标是非常重要的，而且又不要求他以正当的方式谋生，他的结论便是十分明智的，可是这也太缺乏常识了。最近在匈牙利发生过一宗刑事案件。有几个妇人用毒药毒死了好几个人。当她们其中一人被送进监狱时，她说：“我的儿子体弱多病，又整天游手好闲，我只好毒死他。”如果她不愿意继续合作，除此之外，她还能做些什么？她是很聪明的，但是她看待事物的方式却不一样，也就是她的认知图示与众不同。由此，我们可以理解，为什么有些罪犯在看到吸引人的东西，想不劳而获，就会下决心把它从这个索然无味的敌对世界中抢过来。他们的世界观和人生观都是错误的，也搞不清孰重孰轻，所以他们本身也很痛苦。

但在考虑他们缺乏合作的精神时，这一点却不是最主要的。所有的罪犯都是懦夫。他们逃避自己不能应付的问题。除了罪行之外，我们也能够在其生活方式中看出他们的懦弱。他们隐藏在僻静和黑暗中，恐吓过往的行人，在行人采取防卫措施之前，先亮出武器。罪犯以为自己很勇敢，但是我们不能受其蒙蔽。犯罪是在模仿英雄主义行为，但是他们实际上是懦夫。他们在追求虚幻的个人优越感。这是对常识的误判，也是一种认知错误。如果他们明白自己是在自欺欺人时，必然会惶惶不可终日。因为当他们认为已经甩掉了警察时，他们的虚荣心和骄傲情绪就会膨胀。他们常常会想：“我是绝不会被逮到的。”令人尴尬的是，假如对每一个罪犯做一番认真的调查，我相信一定会发现，他曾经犯过许多罪而未被察觉。这是件非常讨厌的事。当他们东窗事发时，肯定会想："这次我不走运，下次一定不会被逮住了！"如果他们成了漏网之鱼，就会觉得自己达到了目标，因此得意扬扬地去接受同伙的祝贺和吹捧。

所有的罪犯都感觉自己智勇双全，我们必须要击碎他们的信心。但是我们要在哪里下手呢？我们可以在家庭、学校或感化院里做到这一点。在后面，我会描述怎样给它致命一击。现在，我要进一步讨论导致合作失败的情景。有时候，父母应该来承担这个责任。也许母亲技巧不够，不能让孩子和她合作。她感觉自己完美无瑕，所以不需要任何人，或者她不善于合作，作茧自缚。在不幸的或破裂的婚姻中，也很容易看到孩子们缺乏合作精神。婴儿最先是和母亲合作，而这位母亲很可能不希望孩子的兴趣扩展到孩子父亲、其他儿童或成人身上。此外，这个孩子可能一直觉得自己是家里的霸主。在他三四岁的时候，另一个孩子出生了，他的"王朝"立刻土崩瓦解，他的"王位"就这样拱手让人了。于是，他拒绝与母亲和弟弟合作。这些都是必须要考虑的因素。而且，假如你追溯罪犯的生活，就会发现他的麻烦从早年的家庭生活中便已经开始了，并不是环境本身具有决定作用，而是孩子对其地位的误解，再加上没有人开导他，才导致了这种结果。

如果家里有一个孩子鹤立鸡群或者天赋异禀，对其他的孩子是一种很大的压力。这个孩子会得到更多关注，而其他孩子就会受到挫败而闷闷不乐。他们不想合作，只想全力竞争，但是又缺乏足够的自信。这些孩子自觉相形见绌，也不知道怎样施展才华，可能就会发展困难重重。他们中间可能会出现罪犯、神经功能患者或者自杀者。

当一个缺少合作精神的孩子开始上学时，从他第一天的表现中，我们能就能看出端倪。他既不合群，也不喜欢老师。上课总是漫不经心，也不认真听讲。如果没有人理解他，他就会不断遇到挫折。他会受到责骂，而不是被引导学习怎样合作。如此一来，这就难怪他更加讨厌学习了！他觉得学校生活索然无味，因为他的勇气和自信备受打击。在罪犯身上，你会常常发现，在他十三岁的时候还在上四年级，经常因为愚笨而遭到打击。这会危及他之后的生活。他对别人越来越冷漠，他越来越想走邪门歪道。

贫穷也很容易使人对生活产生错误的解读。在家庭之外，出身贫寒的儿童可能会受到歧视。他的家庭生活可能艰辛备至，一家人缺衣少食，终日愁眉不展。他可能很早就需要赚钱补贴家用了。在这之后，当他看到许多有钱人生活奢华、出手阔绰时，就会觉得愤愤不平而心生怨恨。在贫富悬殊的大都市里，犯罪案件特别多的原因就在于此。妒忌绝不会产生正当的目标。在这种环境中的儿童很容易发生误解，以为获得优越感的方法就是不劳而获。

自卑感也可能体现在身体的缺陷上。这是我自己的一个发现。我也稍感愧疚，因为我竟然为神经遗传学和精神病遗传学铺平了道路。但是，最初我在写由器官引起自卑和精神上的补偿时，我已经料到这个可能性了。这种自卑感不能归咎于身体，而应反思我们的教育方法。如果我们的方法正确，身体有缺陷的儿童会对所有人都感兴趣。假如没有人在身边帮助他们拓展他们的兴趣，他们便会只关心自己。当然有许多人是真的患有内分泌腺的缺陷，但是我们却很乐于澄清一点。事实上，我们绝对无法判断某种内分泌腺的正常作用应该是怎样的。我们内分泌腺的功能各不相同，而不危及人格。因此，必须撇开这个因素。尤其是我们要让孩子们形成正直善良的品格，并且在与人合作时，更应如此。

在罪犯中间，孤儿占了相当大比例。依我看来，我们未能在这些孤儿之间建立起合作精神，简直是我们文明的奇耻大辱。私生子也是如此——没有人挺身而出来赢得他们的情感，并将它转移到全体人类上。被遗弃的孩子经常踏上犯罪的道路，尤其是当他们知道自己被抛弃的时候。在罪犯之间，我们也经常发现容貌丑陋的人。这件事实曾经被用来证明遗传的重要性。但是，请设身处地地想一下，容貌丑陋的人会有什么感觉！他是非常不幸的。也许他是一个混血儿，没有好看的外貌，或者遭到了社会的歧视。如果这类孩子长得很丑，他整个生命都不堪重负，甚至没有我们每个人都最喜欢的东西——欢乐而美好的童年时光。但是，假如用正确的方法来对待这些孩子，他们全都会发展出对社会的兴趣。还有一件有趣的事实是：在罪犯之间，有时候我们也会发现英俊潇洒的男孩。假若前一类型的人可以被认为是遗传不良的受害者，天生就带有身体上的缺陷，如残手、兔唇等等。对这些英俊的罪犯，我们又该怎么解释呢？其实，他们的生长环境也不利于社会兴趣的培养。他们是被宠坏的孩子！

罪犯的类型

你会发现罪犯可以区分成两种类型。有一种人对友情一无所知，也完全没有经历过。这种罪犯对别人都充满敌意。他看上去凶神恶煞，并且把每个人都当作敌人。因此，他发现根本没有人欣赏他。另一种类型是被宠坏的孩子。我经常听到犯人的抱怨，他们声称："我有今天的下场，都是因为我的母亲把我惯坏了。"对这一点，我们应该畅谈一番。但是我在这里提起它，是为了强调尽管罪犯的经历和教育迥然不同，他们却有一个共通之处，那就是不会合作。父母们可能也想把孩子塑造成一个好人，可是他们却不知道如何去做。如果他们专横跋扈、过于严苛，他们一定会功亏一篑。如果他们娇惯孩子，让他成为舞台上的主角，那么他便会自高自大，而不会通过创造性的工作得到他人的称赞。因此，这样的孩子会失掉奋斗的动力，他们一直希望有人来关注自己，也会期待天上掉下馅饼来。如果他们不能轻而易举地得到满足，就开始怨声载道。

犯罪案例

现在，让我们通过几个例子，来看看是否能发现上述情况，尽管这些事情的初衷并不是这个目的。我要讨论的第一个例子，要从希尔顿（Sheldon）和左利克（Eleanor T. Gflueck）合写的

《五百犯罪记录》一书中摘出来，叫作“百炼金刚约翰”的个案。这个男孩在检讨他犯罪的缘由时说：“我从没有想到自己会这么自甘堕落的。一直到十五六岁，我和别的孩子都是一模一样的。我喜欢运动，也时常参加。我也从图书馆借书来看，生活有条不紊。后来，我的父母让我退学，去工作，并且他们把我的工资都拿走了，每个礼拜只给我五十美分。”

这些都是他的控诉。如果我们问他和父母之间的关系怎么样，如果我们能够看到他的家庭环境，我们就能发现他真正经历了什么。目前，我们只能断定他的家庭不太和谐。

“我工作了将近一年，然后我开始和一个女孩交往，她很会享受。”

我们发现这常常是犯罪的开端：与爱慕虚荣的女孩约会。回想一下我们提过的事情——这个问题可以测试合作的程度。他的女友喜爱享受，而他一个星期只有五十美分。这点钱捉襟见肘，不能让他拥有爱情。但是，还有其他女孩，然而他却没有沿着正确的轨道前进。在这种情况下，我会说：“如果她只会享受，那她就不是我的菜。”但是，生命中最重要的东西因人而异。

“这年头，一个礼拜只凭五十美分，你是根本不能让女孩子玩得痛快的。老头子又不肯多给我一点。我难过得很，心里一直在琢磨，我要怎样才能多嫌一点钱？”

常识会告诉他："你应该再找点活干，多赚点钱。"但是他却想不劳而获，希望讨好这个女孩子，也让自己高兴，仅此而已。

"有一天我遇见了一个人，很快我们就混熟了。"

遇见陌生人是对他的另一次考验。有正确合作能力的男孩子，是不可能被轻易引诱的。但是这个孩子的处境却很难让他抗拒诱惑。

"他是'老大'，换句话说，就是资格很老的小偷。他聪明能干，深谙此道，愿意和你分享，而且不会用卑鄙手段害你。我们一起干了几票生意，都顺利得手了。此后，我就很熟练了。"

我们还听到他父母有一栋他们自己的房子。父亲是一家工厂的领班，全家人仅能勉强糊口。这个男孩兄弟三人。在他误入歧途之前，他的家人从没有犯罪的记录。我很想知道主张遗传的科学家对这个个案会怎样解释。他还承认，当他在十五岁便开始和异性发生关系了。我敢断言有些人一定会批评他好色。但是这个孩子对别人并没有兴趣，他只想寻欢作乐而已。任何人都可能会纵情声色，因为要想办到并不难。这孩子就是想在这方面得到别人的欣赏——他想要成为征服异性的英雄。十六岁时，他和一个同伴因为入室行窃而被捕了。

他在其他方面的兴趣也能证实我们所说的内容。他希望在外表上独领风骚，以吸引女孩子的注意，他替她们付钱，希望能赢得她们的芳心。他戴着一顶宽边帽，领部系着一条红色的大手帕，皮带上插着一把左轮手枪，并取了一个西部流氓的外号。他的虚荣心很强，处处想要表现出英雄作风，但又没有其他的方法。指控他的各种罪名，他全部承认了："其他的还多得很呢！"可见，他对别人的财产权利不屑一顾。

"我认为活着没有任何意义。我对大多数人都讨厌至极。"

这些思想其实全部都是潜意识的。他不了解它们，他也不知道它们连接起来是什么意思。他觉得生命是一种负担，却不明白自己为什么会气馁。

"我也学会了不去相信别人。别人说贼不互偷，但是事实却不是这样。我以前有个同伙，我对他仁至义尽。但是，他却暗中陷害我！"

"如果我有足够的钱，我也会像平常人一样正直的。我的意思是有足够的钱可以任意花，而不必工作。我不喜欢工作。我讨厌干活儿，以后我也绝不工作。"我们可以这样理解这最后一句话："压抑导致了我走上了犯罪的道路。我被迫压抑自己的愿望，这才成了罪犯。"这一点是值得深思的。

"我从来没有存心犯过罪。每当我开车到某一个地方去的时候，自然就有什么东西让你‘神魂颠倒’，让你蠢蠢欲动，只好把它带走了。”

他相信这是英雄行径，绝不承认它是一种懦弱的表现。

“我第一次被捕时，身上还有价值一万四千美元的珠宝。但是，我实在想不出有什么比看我女朋友更痛快的了。所以换了点现金去看她，结果就被逮住了。”

这种人在女友身上大把地花钱，轻易地赢得了她们的好感。不过他们都认为这是一种真正的征服。

“监狱里有学校，我要在这里尽力多学点东西——我不是要洗心革面，而是要让自己变得更有威胁。”

他对人类有满腔的憎恨。但是他根本不需要人类。他说道，“如果我有一个儿子，我会把他的脑袋拧下来。你想让我永远后悔把一个人带到这个世界上来吗？”

我们应该怎样感化这样的一个人呢？除了改善他的合作能力并指出他对生命的错误看法，我们别无他法。只有追溯他童年的误解，我们才能说服他。我也不知道这个男孩生命中发生了什么。他描述的都是一些无关紧要的琐事。不过，在他童年时期一定发生了什么事情，让他对人类充满敌意。如果让我猜测的话，我认为他是最大的孩子。就像通常情况一样，他起初很受宠爱。

之后，由于第二个孩子的出生，他受到了冷落。如果我猜得没错，你就可以看出这些琐事就能阻挡合作的展开。

约翰还说，当他被送入工业学校后，在那里受尽了虐待，离开时，他心里充满了对社会的仇恨。在这点上，我必须说几句话。从心理学家的观点看来，监狱中的残酷经历就是一种挑衅，它考验人的韧性。同样，当犯人们不断听到“必须要扑灭犯罪的火焰”时，他们也会把它当作是一种挑衅。他们要成为英雄，因此他们非常乐于接受这一类的挑战。他们把它看成一种比赛。他们觉得社会在挑衅他们，所以必须坚持到底。如果一个人以为他正在和全世界作战，还有什么事比挑衅更能让他恼火呢？在问题儿童的教育里，向他们发出挑战也是最大的错误：“我们看看谁更强！我们看看谁撑得最久！”这些儿童和罪犯一样，都沉迷在成为强者的观念里。如果他们足够聪明的话，就会摆脱这种观念。感化院里常常对犯人们提出种种诘难。这种政策相当不明智。

现在我想给你看的是一个谋杀犯的日记，他已经因此被处以绞刑了。他残酷地谋杀了两个人，在行动之前，他把自己的想法都写了下来。这部日记提供了一个机会，让我能描述在罪犯心中的计划。在犯罪中，他们是不可能没有计划的。在谋划的过程中，他们肯定会为自己的行为找个理由。在这一类的自白书中，我从没有发现过把自己的罪行描述得简单明了的例子，也从没有发现过不为自己的行为辩解的犯人。

在此，我们可以看出社会情感的重要性。即使是罪犯，也要努力和社会情感保持一致。同时，在犯案之前，他必须消灭自己的道德情感，并突破社会兴趣的壁垒。因此，在陀斯妥耶夫斯基（Dostoievsky）的小说《罪与罚》中，拉斯柯尼可夫（Raskolnikov）躺在床上两个月，考虑着他是否该去犯罪。终于他用这个想法给自己打气："我是拿破仑，还是胆小鬼？"罪犯们经常用这一类的想象来欺骗自己，激励自己。其实，每个罪犯都知道自己不干正经事，他也知道生活中哪些是正事。然而，由于他懦弱无能，就对它置之不理。他之所以懦弱，是因为他缺乏做正经事的能力。生活问题都是需要与人合作才能解决，可是他对此却一窍不通。之后的生活中，罪犯也想摆脱自己的负担。他们想为自己一些借口，以减轻舆论的压力，比方说"他体弱多病，游手好闲"等等。

下面的内容是从这部日记中摘录下来的：

我被人抛弃了，我讨人厌，惹人烦（他显然很爱面子）。巨大的不幸几乎要把我压垮了。我没有什么好留恋的。我再也忍不下去了。我也许应该听天由命，可是我的胃却不受控制，吃饭的问题怎么解决呢？他开始为自己寻找借口了。

“有人预言我会被绞死。但是话又说回来，饿死和绞死又有什么区别呢？”

有一次，一位母亲对着儿子说：“有一天你肯定会把我掐死。”当他十七岁的时候，他掐死了自己母亲。预言和挑衅具有相同的作用。

“我顾不得后果了。无论如何我都得死。我一无所有，谁也不搭理我。我喜欢的女孩对我唯恐避之不及。”

他想要勾引这个女孩子，可是他既没有体面的衣裳，又没有钱。他对爱情和婚姻的解决方式就是把这个女孩看作是一份私人财产。

不管这么多了！要么成功，要么失败！

我想强调一点，其实还有很多解释的余地。但这些人却把它看成互相对立的事情。他们就像小孩一样，把事情看成非此即彼的问题。“饿死或者绞死”“要么成功，要么失败。”

“我决定在星期四采取行动。目标也已经选定，我在静待时机的到来。我干的事可不是凡夫俗子能做到的。”

他是自己心目中的英雄：“它一定会骇人听闻，不是每个人都做得出来的。”他带了一把刀，出其不意地杀死了一个男人。这可真不是每个人都做得出来的！

“像牧羊人驱赶羊群一样，肚子也驱使着人们去做最卑鄙的勾当。可能我再也看不到太阳升起了，不过我不在乎。最折磨人的是挨饿，我被这无法治愈的疾病彻底激怒了。当他们审讯我时，苦难也就结束了。恶人有恶报，但是这也比饿死要好多了。如果我饿死了，没有人会注意我。可是，现在有多少人会关注我！也许有些人还会为我感到惋惜呢！我可是个言出必行的人。相信没有任何一个人像我今晚一样害怕过。”

由此看出，他并不是自己想象中的英雄！在盘问之下，他说道，“虽然我没有击中他的要害，我还是犯了谋杀罪。我是注定要被绞死了，遗憾的是别人穿的衣服都那么漂亮，而我却一辈子都没穿过那样好看的衣服”。他不再提挨饿的事了，此刻衣服占据了他的头脑。“我不知道自己在干什么”，他辩解道。尽管他们理由不同，但总会来这么一手。有时候，罪犯在作恶之前会先喝酒来推卸责任。这些都证明了他们要如何努力才能突破社会情感那堵厚墙。在对每件犯罪记录的描述中，相信都能找出我提到的要点。

如何解决犯罪问题

现在，真正的问题来了，我们该怎么办呢？如果我的说法正确，在每个犯罪案件中，我们都能看到追求着虚幻的自我优越感，并且对人冷漠、不会合作的人，我们又该怎么办呢？对待罪犯就像对待神经功能患者一样，除非我们能争取到他们的合作，否则就会一筹莫展。然而，我却不能过分强调这一点。如果能使罪犯关注他人的利益，假如能使他们关爱他人，假使能教会他们与人合作，那么就天下太平了。如果我们做不到这点，对此，我们就无可奈何了。这项工作并不像它看起来那么简单。我们不能让他不劳而获，更不可能故意难为他，来达到我们的目的。我们也不能当面指出他的错误，然后跟他大吵一番，来获得他的认同。他早就打定了主意，并且一直在用这种方式观察世界。如果要改变他，我们必须找出他行为方式的根源。我们必须找出他是从哪里开始失败的，以及造成这种结果的环境。他的人格在四五岁的时便已经形成了。他在实施犯罪时表现出来的认知错误也是在这个时候形成的。必须对这些原始的错误加以了解和纠正。因此，我们必须探寻他态度的最初形态。

从此，他会把经历过的每件事情品味一番，用来强化他的态度。如果他的经历和他的认知不十分契合，他会加以沉思、回味，并在头脑里改造它，直到与自己的认知一致为止。如果有个人有这种态度："天下人都在虐待我，侮辱我。"他会找出许多证据来支持他的观点。他会拼命搜寻这一类证据。对于不利的证据却视而不见。罪犯只对他自身和自己的观点感兴趣，他有自己的认知方式，我们常常可以发现，他对和自己生活解读不一致的状况，一概视而不见。因此，除非我们能获知他态度的形成方式、生活认知的根源及其观点的发展过程，否则我们就无法说服他。

这就是体罚没有效果的原因。罪犯把它看成一个证据，表明社会充满敌意，因而无法开展合作。也许，在学校里也有同样的事情发生在他身上。他学不会合作，在班里成绩糟糕或者调皮捣蛋。因此，他少不了受到责罚。这样的话，能刺激他与别人合作吗？绝对不会的，他只会感到更加绝望。他觉得所有的人都在反对他。试想一下，在一个经常遭受惩罚的地方，我们谁会喜欢它呢？这个孩子的信心渐渐下沉。他对学业、老师和同学都毫无兴趣。他开始逃学，到处躲藏。在这些隐蔽的地方，他找到了一些同病相怜的孩子。他们理解他，不会责难他，反而会恭维他，并激起他的雄心。然后，让他把希望寄托在不务正业上。他会对社会生活不感兴趣，把这伙人当作朋友，而把社会上的人当作敌人。这帮人喜欢他，跟他们在一起他会很自在。成千上万的孩子们因此加入了犯罪团伙。如果在以后的生活中，我们不改变对待这些孩子的方式，他们就会发现新的证据：我们是敌人，只有罪犯才是他们的朋友。

我们找不出任何理由任由这些孩子们被生活击垮。我们不应该让他们失去希望。如果我们能精心安排学校生活，培养这些孩子的信心和勇气，就能轻易地解决这个问题。关于这点，我们将在后面详细论述。这个例子是用来说明，罪犯总是把惩罚看成社会反对他的标志。

体罚不起作用还另有原因。很多罪犯并不珍惜自己的生命。很多时候，他们往往会想到自杀。所以，皮肉之苦对他们来说是小菜一碟。他们沉醉在完胜警察的美梦里，因此体罚他们也不会感到丝毫疼痛。这也是他们应对外部挑战的一种方法。如果狱警态度蛮横或者对他们严刑拷打，他们就会暗自较劲。这样做只会刺激他们想要比警察更胜一筹，这就是他们的思维方式。他们认为自己与社会的冲突连绵不断，因而竭力获得胜利。如果我们同仇敌忾的话，就正好顺应了他们的意愿。有时，坐电椅也是一种挑战。罪犯会认为自己正与怪物搏斗，这样的惩罚越重，他们就越想取得胜利。很多罪犯都不思悔改，反而愈挫愈勇。那些即将被处以极刑的罪犯，在接近死亡的时刻常会想："我怎样做才能不被抓住处呢？如果我没有把眼镜落在那里就好了。"

找出罪犯在童年的认知错误，是我们唯一的补救方法。在此，个体心理学为我们在这漆黑的夜里投下了一缕阳光，让我们的视野变得清晰了。在五岁左右，儿童的心智就是一个整体。他人格的许多脉络都汇聚在一起。遗传和环境对他的发展也会有所影响。对于孩子能给世界带来什么，以及他的经历如何，我们并不十分关心。我们所关注的是他的利用方式，他的各种观点，以及他想要达到的成就等等。了解这一点是相当重要的，因为我们对遗传与能力的关系一无所知。我们需要考虑的是环境的各种可能性，以及他利用环境的熟练程度。

有利的一点是罪犯们之间毕竟还有点合作，但是达不到社会生活的要求。在这点上，妈妈应该负主要责任。她必须应该了解怎样拓展孩子的兴趣，怎样让孩子学会关爱他人。她必须率先示范，要让孩子学会关爱所有人以及他自己的未来。但是，也许这位母亲不愿意让她的孩子对其他人感兴趣。她的婚姻可能不幸福，例如双方家长不同意，夫妻俩正考虑离婚，或他们彼此妒忌对方等等。因此，她可能希望自己完全占有这个孩子，因此溺爱他，娇惯他，不愿意让他脱离自己。很明显，在这种情况下，合作的发展会受到很大的局限。

关爱其他儿童对于社会兴趣的发展也是至关重要的。有时候，一个孩子若是成了妈妈的心肝宝贝儿，别的孩子就不大愿意和他交朋友。当他对此发生误解时，这可能会成为他犯罪的起点。如果家庭中有一个杰出的人才，他的兄妹经常会成为问题儿童。例如，次子长得很讨人喜欢，他的哥哥就会觉得被人抢走了关爱。这种孩子用自己遭受的忽视来欺骗自己、迷惑自己。他会为自己的埋怨四处搜寻证据。结果，他的行为开始反常，他因此受到严厉的管束。这一切更增强了他的观点，他现在四处碰壁、受尽冷落。由于他觉得被剥夺了一切，于是开始偷窃，被发现后，又受到严厉惩处。这样一来，他更觉得没有人喜欢他，所有的人都是敌人。

当父母在子女面前抱怨时运不济、人心险恶时，这样做也会妨碍其社会兴趣的发展。如果他们老是责怪自己的亲戚或邻居，对他人吹毛求疵，并总是表现出一副愤世嫉俗的样子，也会强烈地影响孩子。无疑，孩子们长大后，会对同伴产生类似的歪曲看法，如果他们最终转而反对他们的父母，那也不足为奇。一旦社会兴趣受到阻碍，剩下的就只有自私了。这种孩子会想："我为什么要为别人服务？"当他用这种态度无法解决实际问题的时候，他就会溜之大吉或者想点邪门歪道。他觉得诚实劳动太难了，即使伤害到他人，他也会无动于衷。既然这是一场战争，那么使出什么手腕也是无可厚非的。

从下面的几个例子中，你可以找出罪犯的发展模式。在一个家庭里，次子是个问题儿童。据我们所知，他身体十分健康，也没有遗传缺陷。他的哥哥是家里的宠儿，就像在赛跑时要打败对手一样，他时时想超过哥哥。他的社会兴趣一直没能得到拓展——他非常依赖母亲，对母亲的要求也有点贪得无厌。在和哥哥竞争时，他觉得束手无策。他的哥哥在学校总是名列前茅，而他却总是倒数垫底。他想控制别人的欲望显露无遗。以前在家中他总对一位老仆人发号施令，让她忙得不可开交，并且像士兵一样操练她。这位女仆却很喜爱他，在他二十岁的时候，还让他扮演将军的角色。

他对自己的事情总是忧心忡忡，但却又一无所成。当他没钱时，便向母亲开口要钱，虽然难免要听些唠叨，挨些批评，最后却总能如愿以偿。突然他结婚了，生活的压力陡然增大。可是，他在乎的只是要赶在哥哥之前结婚，因为他把这看作是一大胜利。由此可见，他过于高估自己了——他只想在这些可笑的琐事上抢点风头而已。他根本没有做好结婚的准备，所以夫妻俩时常拌嘴。当他的母亲无法继续供他花销时，他订购了很多钢琴，转卖后又不肯付钱，最后锒铛入狱。在这段历史中，我们可以看出他成年后的行为根植于他的童年时期。他在哥哥的阴影下成长，就像一棵小树被大树完全遮挡一样。与敦厚善良的哥哥相比，他逐渐形成了一种印象，认为自己受尽了怠慢和冷落。

我要举出的另一个例子，是一个而志向远大又受父母宠爱的女孩子。她有一个深为她所妒忌的妹妹，不论是在家里还是在学校里，她的竞争意识都一目了然。她一直很留意妹妹得到了什么偏爱，比方说得到了较多的糖果或零钱等等。有一天，她偷了同学口袋里的钱，被发现了，并且受到了惩罚。幸好，我有机会向她解释事情的前因后果，她也因此摆脱了斗不过妹妹的思想。同时，我也向她的父母解释了这种情况，他们同意消除妹妹受偏爱的印象，避免引起竞争。这已经是二十年前的事了。现在这个女孩子变得诚实善良，并且已经结婚生子。从那以后，她再也没有犯过重大的错误。

我们已经探讨过阻碍儿童的发展的各种情况了。在此，我想将它们做一下总结。如果个体心理学的观点正确，我们就必须要强调这一点，只有认识到了环境对于罪犯观念的影响，我们才能真正让他参与合作。容易遇到特殊问题的儿童有三类：第一是身体有缺陷的儿童；第二是被宠坏的儿童；第三是受到忽视的儿童。身体有缺陷的儿童觉得被上天剥夺了与生俱来的权利，除非受到特殊的培训，否则他们只会关心自己。他们寻求着机会驾驭别人，我曾经看过一个例子，一个男孩追求一个女孩遭到了拒绝，因而觉得受到了侮辱。他竟唆使一个年纪较小、心智不全的男孩去刺杀她。被宠坏的男孩心里总是牵挂着他们的母亲，他们无法拓展自己的兴趣。没有哪个孩子是完全被抛弃的，否则，他连满月也出不了就会一命呜呼。但是，许多孤儿、私生子、弃婴、容貌丑陋的孩子和残疾儿童，我们也可称之为被忽视的儿童。因此，罪犯可以分为两种主要类型——丑陋而被轻视的和英俊而被宠坏的，这就不难理解了。

我曾经想在自己接触过的罪犯之间，以及我在报纸书籍读过的对罪犯的描述中，找出罪犯的人格结构。个体心理学的主要观点能帮助我们了解这方面的情况。下面，我要从费尔巴赫（Anton von Feuerbach）所著的一本古德语书中选出几个例子。在这些古老的书籍中，我们可以看到犯罪心理的最佳描述。

（一）康拉德（Conrad K.）的案例。他和一个雇工合谋杀死了自己的父亲。他的父亲对他不闻不问，并且时常虐待他，对全家人也是非打即骂。有一次这个孩子跟父亲动了手，接着，父亲就把他送到了法庭。法官说：“孩子，你的爸爸这么残暴，简直不可理喻！实在没办法呀！”可以看到，法官已经给了这个孩子一个借口。全家人想尽办法，也无力改变这种局面。后来，他们遇到一个大麻烦，陷入了深深的绝望之中。这次，父亲带回了一个声名狼藉的女人同居，并且把儿子赶出了家门。这个孩子偶然结识了一个疾恶如仇的临时工。他力劝孩子杀死父亲。他想到了母亲而犹豫不决。但是，家里的情况越来越糟，思前想后，孩子终于同意了。在这个工人的帮助下，他杀死了自己的父亲。可以看出来，这个孩子无法把社会兴趣扩展到父亲身上。他依然眷恋着母亲，并十分尊敬她。在他消除社会兴趣之前，必须要找到足够的理由来减轻罪恶感。只有当他得到了雇工的支持时，凭借一时冲动才能麻痹自己，痛下杀手。

（二）玛格丽特·史文齐格（Margaret Zwanziger）外号称为“毒药死神”。她是在孤儿院长大的，长得又矮又丑。因此，就像个体心理学所描述的那样，极力想吸引别人的注意，但却饱受冷眼。她的礼貌近似卑躬屈膝，在经过多次无效的尝试之后，她绝望了。她曾经三次试图毒死别的女人，希望能占有她们的丈夫。

她觉得她们夺走了她的情人，但是，她想不出别的办法夺回“心头之爱”。为了得到这些男人，她曾经假装怀孕，企图自杀。在她的自传里（有许多罪犯都以撰写自传为乐），她写道：“我每次做了恶事以后，都会想：‘没有人曾经为我悲哀过，让他们伤心一下，我有什么可后悔的呢？’”但是她却不了解自己为什么会这么想。但是，它却证实了个体心理学观点的正确性。

在这些描述中，我们可以看出她是怎样实施犯罪，并找理由自我安慰的。当我主张要合作并培养对别人的兴趣时，总会听到这一类的说法：“可是别人对我并不感兴趣呀！”我的回答是：反正一定要有人先开头。如果别人不肯合作，那就不是你的事了。我的看法是不管别人合作与否，你应该先迈出第一步。

（三）N.L.是长子，教养欠佳，有点跛足，代替父亲照顾年幼的弟弟。这种关系也是一种优越感目标，目前看来，它似乎充满正能量。然而，它也可能是一种骄傲和炫耀的资本。之后，他把母亲赶出了家门去乞讨，并且骂道，“滚蛋吧！老畜生！”我们真要替这个孩子感到悲哀，他甚至对母亲都没有任何留恋。如果我们从他小时候便认识他，我们就能知道他怎样走上了犯罪道路。他失业了很长时间，一文不名，又染上了性病。一天，他求职无果，在回家的路上，为了得到弟弟仅有的一点积蓄，他杀死了弟弟。由此，我们可以看出他合作的极限——失业，缺钱，又得了性病。每个人都有忍耐的极限，超出了这个限度，谁都会变得忍无可忍。

（四）一位女士收养一个孤儿，她把他宠得不成样子。结果，他被宠坏了。他此后的发展非常糟糕，他精于算计，时时刻刻想引人注意，老想着出风头。他的养母对他百依百顺，最后爱上了他。结果他变成了骗子和诈骗犯，到处招摇撞骗。他的养父母属于小贵族阶级，他也装出贵族的派头，花光了他们的钱，并将他们逐出了自己的房子。不良的教养和娇纵使他不务正业，他认为要活下去就得靠撒谎和欺骗。这使得每个人都成了他要欺骗的对象。他的养母爱他，胜过了自己的丈夫和儿子。这种待遇使他觉得他有获得一切的权利。但是，他认为自己无法用正当的手段取得成功，又能看出他自卑的一面。

我们已经指出，任何孩子都不应该遭受这种自卑的困扰，它无益于合作。任何人都不应该被生活问题所击溃。罪犯都采用了错误的方式，我们必须给他指出他在什么地方，以及为什么会采用这种方式。同时，我们还要鼓励他关爱他人并且要与他人合作。如果大家都完全认清，犯罪是懦弱而非勇敢，那么我相信罪犯们最信赖的借口也无法自圆其说，而且所有的小孩都会主动远离犯罪。在所有罪犯的个案里，不管对它们的描述是否真实，我们都能看到儿童时期错误生活方式的影响，它们的共同特点就是缺乏合作。

我想说合作能必须要加以训练，它是否由遗传得来并不重要。当然，合作的潜能是天生的，每个人都有这种潜能。但是，要使它展现出来，还得加以培训和练习。依我看来，除非我们能找出善于合作又是罪犯的人，否则，关于犯罪的其他观点都是多余的。我从没遇见过这种人，我也从未听说谁遇到过这样的人。良好的合作是犯罪最坚固的屏障。只要认识不到这一点，我们就无法避免犯罪的侵害。教人合作与教地理有异曲同工之妙，因为它是事实，而我们教授真理的办法取之不竭。任何人在没有准备去参加地理测验的情况下，必败无疑。因为，我们的所有问题都需要合作的知识。

我们对于犯罪问题的科学探讨已经接近尾声了。现在我们必须鼓足勇气面对事实。人类已经过了千万年仍然找不出这个问题的解决方法。曾经被施用过的方法似乎都没什么效果，而这个问题依旧困扰着我们。我们的调查已经找出这种现象的原因：我们从未采取措施来改变罪犯的生活方式，并预防其向错误的方向发展。缺少了这些，任何方法都不会产生真正的效果。

让我们回想一下得出的结论。我们发现罪犯也是普通人的一员。他与别人无异，他的行为也是可理解的人类行为的变体。这个结论至关重要：如果我们理解犯罪并不是与世隔绝的，而是一种病态的生活态度，如果我们能看到这种态度地发展过程，那么，我们就不会把它看作是无可救药的难题，也会充满自信地来改变它。我们发现罪犯长期在行为和思想中拒绝与人合作，而其根源可以追溯到他四五岁之前的童年时期。

在这段时间，有什么事情阻碍了他对别人产生兴趣。我们已经描述过这种障碍和他的母亲、父亲、同伴、社会偏见，以及环境中的困难等因素之间的关系。在五花八门的罪犯之间，在各种各样的失败者身上，我们发现，他们最主要的共同特征就是缺乏合作精神，缺乏对别人以及对人类利益的关切。假使我想要有点儿作为，我们就必须培养自身的合作能力。除此之外，别无他途。所有事情都依赖合作能力这个要素的发展。

罪犯与其他失败者有一点不同之处。在长期拒绝合作之后，他像其他失败的人一样，失去了在正常的工作中获得成功的希望。但是，他还保有某些活动，只是这些残存的活动都被他用到了不务正业上。他在这些方面上非常活跃，而且他还能和自己的狐朋狗友，及其沆瀣一气的罪犯互相合作。在这一点上，他和神经功能患者、自杀者或者酗酒者都不一样。然而，他的活动范围却非常有限。有时候，他的活动就只剩下犯罪的可能了。有些罪犯不至于把所有的罪名都做个遍，而只是接二连三地干同一件坏事。这是他活动的世界，他把自己禁锢在这狭小的天地里。在这些例子中，我们可以看出是他多么缺少勇气。话说回来，他必定会缺乏勇气，因为勇气属于合作能力的一部分。

罪犯的时时刻刻都会在思想和情绪上做好犯罪准备。他白天精心策划，晚上魂牵梦绕，试图把残留的社会情感彻底击碎。他为自己找各种借口和理由来减轻罪恶感，并且说犯罪也是“被逼无奈”的。要刺穿社会情感的铜墙铁壁可不容易，它抵抗力惊人。但是，只要他下定决心去犯罪，他就会千方百计地实现——可能回忆自身的痛苦，可能麻痹自己，以便扫清思想障碍。这就帮我们了解到他是如何不断强化自己态度的，这也解释了为什么跟他争吵没有任何效果。他以自己的眼光看待世界，并做好了争论一辈子的准备。除非我们能发现他的态度是如何发展的，否则我们就无法改变它。然而，我们却具有一项他无法抗衡的利器，那就是我们对别人的关注。借此，我们能够找出真正帮助他的方法。

当罪犯面对困境时，没有勇气通过合作来解决，而又不想费力气，他就开始筹划犯罪了。在他缺钱的时候，这种情况极易发生。跟所有的人一样，他也在追求安全感和优越感。他也希望克服障碍，解决困难。然而，他的追求却落在社会的架构之外。他的追求是想象出来的个人优越感，他获得这个目标的方法是使自己觉得，他是警察、法律和社会的征服者。他自欺欺人地玩着游戏，破坏法律、逃避追捕，而且他诡计多端，会一直逍遥法外。比方说，当他使用毒药害人的时候，他相信这是他个人的巨大胜利，而且他会一直这样欺骗自己，麻醉自己。他在第一次落入法网之前，通常都已经作案多次了。因此，在东窗事发时，他的想法应该是这样的："如果我再聪明一点儿，我就逃走了。"

从上面所述各点，我们可以看出他的自卑情结。其表现就是，他逃避劳动场合和社会生活。他觉得自己无法通过正常的劳动获得成功。他不肯和人合作的习惯会更增加他的困难。因此，大部分的罪犯都是身无一技之长的人。他养成了一种廉价的优越感，来隐藏自己的自卑情结。他一直在想象自己是多么勇敢，多么出类拔萃。但是我们能够把一个生活战线上的逃兵称为英雄吗？罪犯其实是生活在梦中的，他根本不知道现实为何物。他必须尽力逃避现实，否则他就被迫放弃犯罪。因此，我们会发现他在想："我是世界上最强大的人，因为我可以朝任何人开枪！”“我比任何人都聪明，因为我干了坏事，谁也发现不了！”

我们也已经确认了犯罪的根源。早期心理负担过重的儿童和被宠坏的孩子很可能走上犯罪的道路。身体有缺陷的儿童需要特别的照顾，以便让他们学会关爱他人。否则，他们只会关注自身，不能朝正确的方向发展。被忽视的、被遗弃的、不被欣赏的或受人讨厌的儿童也都处于类似的境地。他们没有和别人合作的经验，他们也不知道合作可以讨人喜欢、赢得别人的好感，并能解决问题。宠坏的孩子从来没有受到要自强自立的教育，他们以为只要自己大嘴一张，所有人就会争先恐后地完成他的要求。如果他的要求无法全部满足，他就会觉得受到了不公平的待遇，因而拒绝合作。在每个罪犯背后，我们都能追溯到这类历史。他们未曾受过合作的训练，即使现在仍不具备合作能力。每当他们遇到问题的时候，他们也不知道如何应付。因此，我们该做的就是要让他们学会合作。

如今，我们既有知识，又有了经验。在指导犯人改造的过程中，个体心理学为我们提供了帮助。但是，不妨设想一下，如果对罪犯辨证施治的话，用这种方法改造犯人将是多么艰难。可是很悲哀，在现实生活中，在大多数人在困难超过某个限度时，他们的合作精神就会一扫而光，这就是在世事艰难的时候犯罪率升高的原因。所以，我想，如果我们真的想用这样的方法去防止犯罪发生，就要对大部分人进行教育。但是，让罪犯或者潜在的罪犯变成好人，采用这种方法会产生立竿见影的效果，是不切实际的。

然而，我们还能够做很多事。即使我们无法逐一改变那些犯人，为那些不堪重负的人提供一些帮助。比方说，失业和缺乏职业培训等问题，我们应该尽力让每位想工作的人都有一份职业。减轻部分社会压力，让大部分人维持合作能力，恐怕我们也只能这样做。毋庸置疑，这样做的话，定能使犯罪率减少。我不知道现代社会能否让人们摆脱经济问题，但是我们应该朝这个方向努力。我们应该教育孩子适应职业发展的要求，这样他们可以更容易地面对生活，活动范围也会扩大。监狱也应该开展这样的培训。在一定程度上，人们已经开展了这方面的行动，我们需要做的就是再加把劲儿。

虽然，我不相信可以对每一个罪犯对症下药，我们却能用集中治疗的办法来帮助他们。比方说，我们可以和许多罪犯一起讨论社会问题，正如我们在这里考虑的这些问题一样。我们可以提出问题，让他们作答。我们应该启迪他们的心灵，使他们从迷梦中醒过来。我们应该让他们从个人意识的沉醉中解脱出来，并且让他们从对自己潜力的低估中挣脱出来，我们要教给他们释放自己，并消除他们对某些情况和社会问题的恐惧。我敢断言，从这种集体治疗中，我们一定能获得丰硕的成果。

我们应该避免让罪犯或者贫困的人感到威胁。如果贫富两极分化严重，那些贫穷的人就会感到愤愤不平。因此，应该学会收敛一些，即使一个人坐拥千金，也没有必要到处炫耀。在治疗落后儿童和问题儿童时，我们发现刺激他们接受考验是行不通的。因为当他们认为自己是在和环境战斗时，他们会坚持自己的观点。罪犯也是如此，在世界范围内，我们都可以看到警察、法官甚至是我们的法律一起向罪犯宣战，勾起了他们反抗的决心。威吓是没有什么用的，如果我们冷静一点，不提罪犯的姓名，也不公布他们的事迹，那么情况可能会好得多。需要改变的是他们的态度。不能认为严打或者仁慈能够改变罪犯，只有他彻底了解到了自己的处境，他才会转化。当然，我们应该讲人道，不能认为仅仅罚钱罪犯就会感到害怕。我们经常看到，处以罚金反而激起了罪犯的反抗情绪，即使罪犯在被处以电刑的那一刻，他也只是后悔一时大意而马失前蹄。

如果我们更加努力地找出应该对犯罪负责的人，那么对我们的工作必然颇有助益。据我所知，至少有百分之四十以上的罪犯逃过了警察的耳目，这件事实无疑会助长他们的气焰。几乎所有的罪犯都有犯了罪而未被发现的经历。在这些方面，有的我们已经改进了，而且我们也正朝着正确的方向前进。另外一点很重要的是，不管在监狱中还是出狱后，都不可以羞辱犯人或向他挑衅。如果能够找到适当的人选，我们宁可增加监视缓刑的官吏，不过这些人对社会问题和合作的重要性也应该有确切的认识。

预防犯罪的方法

由这些方法，我们可以完成许多事情。然而，我们仍然无法随心所欲地大量减少犯罪的数量。幸好，我们还有一个行之有效的方法，如果我们能够训练我们的孩子，使之具备适当的合作能力，假如能拓展他们的社会兴趣，那么罪犯的数目必定会大量减少。其效果也必然指日可待。这些孩子将不容易受人利用或被人煽动。无论他们在生活中遇到什么样的麻烦或困难，他们对别人的兴趣都不会完全消失，他们互相合作以及解决生活问题的能力都会比我们更强。

大部分的犯人都很早就开始犯罪了，通常始于青春期，介于十五岁到二十八岁之间犯案的人是最常见的。正因为如此，我们的努力见效很快。不仅如此，我敢断言教养良好的孩子也会影响他们的家庭生活。独立自主，志存高远，积极乐观，而且身体健康的孩子是父母们最大的安慰和帮手。合作的精神很快就会遍及全世界，而人类的整个社会风气也会提升到较高的水准。在我们影响孩子的同时，也影响了他们的父母和教师。

剩下来的唯一问题是我们应该如何选择最佳的攻击点，以及用什么方法来教育儿童，使他们能担负日后的生活和工作问题。我们是否要训练所有的父母呢？不是的，这个方案并不能给我们带来多大的希望。父母们很难控制，最不愿意跟我们见面的父母才是最需要培训的。我们无法接近他们，因此我们必须另辟蹊径。那么，我们是否应该把所有的儿童都集中关起来，看着他们成长，并终日监视着他们？这个方案也好不到哪去。然而，我们却有一个行之有效的方法。我们可以把教师当作社会进步的助推器。我们可以培训教师来纠正儿童在家里养成的坏习惯，并使他们的社会兴趣扩展到他人身上。这完全是学校的自然发展。由于家庭不能教导孩子应付日常生活的所有问题，作为家庭的延伸，人类设立了学校。我们为什么不利用学校来使人类变得更喜欢交际，更懂得合作，更乐意为全体人类谋福利呢?

你将会看出，我们所有的活动都是以下列观念为基础的。简而言之，我们现在所享受的文明成果，正是由那些乐于奉献的人创造的。如果个人不开展合作，对他人毫不关心，对人类没有贡献的话，那么他们就浪费了自己的生命。他们消失后，什么都不会留下。只有那些对社会有所贡献的人，才会留下劳动成果，他们的精神将会永垂不朽。如果我们以此为基础来教育孩子们，他们自然会喜欢合作。如果他们遇到困难，也不会气馁。即使他们遇到最艰难的问题，也会用符合人民利益的方式来解决它。

第十章　职业

平衡人生三大问题

人类面对的三个纽带造成了人类生活的三大问题。但是，这些问题却不能各个击破，任何一种解决办法必须让它们都能迎刃而解。第一条纽带构成了职业问题。我们生活在地球的表面，我们拥有整个星球的资源，肥沃的土地、矿产资源、气候和大气等。这些条件给我们提出了问题，人类的任务就是要找出正确的回答。即使现在，我们还不能说找到了完美的答案。在不同的时代，人类会有不同水平的解答。但是，人类需要不断进步，并取得更高的成就。

这个问题最佳的解决方案由我们第二个问题的答案衍生而来。束缚人类的第二条纽带就是，他们同属于一个物种而且与他人联系紧密。假如地球上只有一个人单独居住，没有其他同类，那么他的态度和行为必定大不一样。我们必须考虑别人，适应他们，并且关爱他人。这个问题的最佳解决方法是发展友谊、社会情感和合作。它的解决对于处理第一个问题有莫大的助益。

因为人类学会了合作，所以才有了劳动分工的伟大发现。这个分工是人类福利的主要保障。如果每个人都不愿意合作，也不愿依仗人类的合作成果，只想凭一己之力在地球上生存，那么人类的生命都无法得以延续。由于分工，我们可以享用许多不同的培训成果，并将许多能人异士组织起来，使他们造福人类，排除各种危险，并为社会上的所有成员提供发展机会。当然，我们不能夸口说已经达到尽善尽美的地步，也不能装得好像分工制已经抵达其发展的最高阶段。但是，职业问题的解决必定根植于人类劳动的分工中和为了人类而奋斗的过程中。

有些人试图逃避职业问题。他们不愿意工作，对人类的幸福也漠不关心。然而，我们会发现虽然他们不愿面对这个问题，但是他们却总是恳求别人的帮助。他们依赖别人的劳动生存，自己却无所事事。这是被宠坏孩子的典型生活方式。当他面临问题时，总是要求别人帮他解决困难！这种孩子阻碍了人类的合作，并且把负担强加在奋斗者的肩上，这是极不公平的。

人类的第三条纽带是：个人只能代表两种性别之一，非此即彼。他在人类繁衍中所扮演的角色，有赖于他与异性的接触及其性别任务的履行。两性之间的关系也构成了一个问题，而且它也不能和另外的两个问题分开解决。要成功地解决爱情和婚姻的问题，在人类分工中谋得一份职业是必不可少的，同时，与其他的人保持友谊也是很必要的。正如我们所见，在我们的时代，这个问题最好的解决办法，也是与社会要求和劳动分工最为契合的，就是一夫一妻制。个人的对这个问题的解决方式就能揭示他的合作程度。

这三个问题互相交织，是永远分不开的。解决了一个问题必定有助于另一个问题的解决。因此我们可以说，它们其实是同一情况同一问题的不同方面。这个问题就是：人类必须在所处的环境中，生存下去，并继续发展。

在此，我们愿意再重述一次，作为母亲的妇女对人类的贡献卓著，在人类的分工中，理应享有平等的地位。如果她关爱子女，并且为孩子的健康成长铺平道路，如果她致力于扩展他们的兴趣，并训练他们互相合作，那么她对人类的贡献便是无价的。在我们的文化中，母亲工作的价值经常被低估，并且被视为枯燥又卑微的工作。它只能获得间接的报偿，而以此作为主要工作的女性通常在经济上也不得不依赖别人。但是，一个家庭的成功，母亲的工作和父亲的工作是同等重要的。不管母亲是操持家务还是外出工作，作为母亲的她，地位是绝不比丈夫低的。

对孩子的早期培养

母亲是第一个影响子女职业兴趣发展的人。在生命最初四五年间所受的训练和教育，对孩子在成年后的活动范围有决定性的影响。每当有人咨询我怎样求职时，我总会问他开始时的情形，以及他最初对什么东西最感兴趣。他对这段时间的记忆显示出他一直是怎样训练自己的。它们揭示了他的思维方式和潜在的认知模式。对于最初记忆的重要性，以后咱们回头再谈。

训练的第二步骤是由学校执行的。我相信现在的学校越来越关注儿童未来职业的发展，并注意训练他们眼、耳、手等各种器官的功能。这种训练和一般学科的教学是同样重要的。然而，我们不可忘记，一般学科的教学对儿童的职业发展也非常重要。我们经常听到人们在以后的生活中抱怨说，他们已经把在学校中所学的拉丁语或法语完全忘光了。但是，开设这些科目并没有错误。通过经验的总结，我们发现在学习这些科目时，心灵的各种功能都得到了极好的锻炼。有些现代学校特别注意职业训练和手工制作，这种方式也能增加儿童的经验并提高他们的自信。

如果在童年时一个人就知道将来喜欢从事什么职业，那么他的发展就简单多了。如果我们问孩子们将来喜欢干什么，大多数人会给出答案。他们可能没有经过深思熟虑，当他们说想成为飞行员或者火车司机时，他们并不知道为什么会选择这样的工作。我们的工作就是要找出其潜在动机，并找出他们努力的方向、前进的动力、奋斗的目标，以及他们要实现梦想的方案。这些回答只能让我们了解哪种职业在他们心目中代表着优越感。但是从某个职业出发，我们还可以寻找其他机会来帮助他们达到目的。

十二三岁的孩子应该对未来的职业已经有所了解。很遗憾，我常常听到这么大的孩子说，不知道自己将来喜欢干什么。他缺少志向，但并不代表他不感兴趣。他可能壮志凌云，可是不敢说出来。在这种情况下，我们要不遗余力地找出他的兴趣和专长。有些十六岁左右的孩子，高中毕业后，对未来的职业仍然很迷茫。通常，他们都是很聪明的孩子，但是不知道人生的方向。我们可以说这些孩子志向远大，但缺乏合作精神。他们无法在劳动分工中找到自己的位置，所以找不出具体方法来完成自己的雄心壮志。因此，早点让孩子们对未来的职业有点印象，好处有很多。我在学校里经常问学生们这个问题，引导他们进行思考，而不至于忘记这个问题或者逃避回答。我问他们为什么会选择这个职业，他们的回答非常具体。在孩子们的回答中，我们能够观察到他的整个生活方式。他会告诉我们，他奋斗的主要方向和他生活中最有价值的东西是什么。我们必须让他自由选择自认为最有价值的职业，因为我们也无法判断职业的高低贵贱。如果他脚踏实地工作，而且也一心为他人服务，那么他的工作就是有意义的。他的唯一任务就是提升自己，自强自立，并把自己的热情投入劳动分工的结构中。

还有些人不管选择了哪种职业都不会感到满意。他们想要的不是某个职业，而是其优越地位的坚强保证。他们不希望应付任何生活问题，因为他们觉得自己遇到问题，纯粹是生活的故意刁难。这些都是被宠坏的孩子，他们只希望获得别人的帮助。也许大部分的男人和女人对他们在最初四五年里接触到的东西真正感兴趣，而且难以忘怀。可是由于经济的原因或父母的压力，他们却不得不转变方向，去从事一份不感兴趣的职业。这件事情也能证明儿童早期训练的重要性。假如我们在一个孩子的最初记忆中，发现他的视觉很敏锐，我们便能推测他更适合从事视觉方面的工作。在职业辅导中，早期记忆占有重要地位。某个孩子可能会提到跟别人谈话的印象，风声的呼啸和铃铛的叮当声。由此，可以看出他是一个听觉型的人，我们就可以判断它适合从事音乐方面的工作。从其他人身上，我们能够体会到他们对于动作的敏感，他们就适合从事活动性强的工作。比方说，户外劳动或者导游等。

人类最常见的动力之一就是超越其他家庭成员，尤其是要比父亲或母亲更进一步。这是一种价值非凡的动力。能看到孩子们青出于蓝，我们非常高兴。而且，假如某个孩子想子承父业并后来居上，那么他父亲的经验就能助他一臂之力。如果孩子的父亲是名警察，他通常会希望成为律师或法官。假如他的父亲受雇于医师的诊所，这个孩子就希望袭承父亲的衣钵。假如父亲是教师，儿子则希望成为大学的教授。

在观察儿童时，我们经常可以看到他们在培训自己某项技能，这可能就是他们将来从事的行业。比方说，有时候，有的孩子会希望成为教师，我们就能看到他带领着一群孩子，在玩上课的游戏。孩子们的游戏能让我们体味他们的兴趣。有潜力要成为妈妈的女孩子，会喜欢玩洋娃娃，并对照顾婴儿更感兴趣。对于母亲角色的兴趣应该受到鼓励，女孩们喜欢玩洋娃娃，我们对此也不应该感到紧张。有些人以为如果我们给她们洋娃娃，我们会使她们脱离现实，其实她们是在训练自己认同并担任母亲的任务。她们越早开始训练越好，假如太晚了，她们的兴趣就已经固定不变了。有些孩子会对机械或技术表现出浓厚的兴趣。如果他们能搞点发明创造，这会为后来辉煌的职业生涯点燃希望。

还有些孩子一向不愿意当领袖。他们的主要兴趣就是喜欢跟随别人，这样他会觉得有所依靠。这并不是一种有利的发展，如果能减少这种卑顺倾向的话，我一定会非常高兴。如果我们不能阻止它，这种儿童在以后的生活中将不能胜任领袖的角色，依照自己的意愿，他们会选择小职员的职位，每天只是例行公事，而一切都已经提前安排好了。

影响择业的因素

偶然遇见生病或死亡等现象的儿童会对这些事情产生浓厚的兴趣。他们会希望成为医师、护士或药剂师。我相信他们的志向是值得鼓励的，因为我发现抱有这种志向并成为医师的人，很早就开始训练自己了，并且非常喜欢他们的职业。有时候，死亡的经历还可能以另外一种方式来加以补偿。有些孩子可能希望用艺术或文学的创作来获得永生，也许他可能会成为虔诚的教徒。

游手好闲、好吃懒做等逃避就业的错误做法也是从小时候开始的。当我们看到这样的孩子在生活中躲避困难时，我们必须科学分析其成因，并用科学的方法来纠正他。假如我们生活的星球一切应有尽有，我们可以不劳而获，那么懒惰可能成为美德，而勤劳则可能被嫌恶。然而，从我们和地球的关系来看，大家可以理解，对职业问题合乎逻辑并符合常识的解答，就是我们必须要工作、合作和奉献。以往，人类一直是凭直觉来感受这一点，现在我们则是从科学的角度看出其重要性。

从儿童早期便开始的训练，在天才身上体现得尤为明显。我相信这个关于天才的问题能给我们很多启示。只有对人类共同利益有所贡献的个人，才能称为天才。我们无法想象对人类没有任何益处的天才究竟是什么样子。

艺术都是全体人类精诚合作的结晶，伟大的天才也提高了我们整个的文化水准。荷马（Homer）在他的史诗中只提到三种色彩，他用这三种色彩描述所有颜色的区别。无疑，当时的人们已经注意到更多的色彩，但是这种差异似乎是微不足道的，所以也没有为它们命名的必要。是谁教我们分辨出各种色彩，让我们可以直唤其名的呢？我们必须说这是画家和艺术家的功劳。作曲家们也将我们的听觉提升到相当高超的水平。现在我们之所以能够用和谐的音调代替原始人单调的声音，都是受了音乐家的恩惠，他们丰富了我们的精神，并教我们如何锻炼自己的能力。是谁拓展了我们的思想，让我们谈吐优雅，思想深邃？那是诗人。他们润饰了我们的语言，使它更鲜活，并适用于生活的各种场合。

天才是人类中最擅长合作的人。这应该是没有什么问题的。在他们行为和态度的某些方面，我们或许看不出其合作能力，但是我们却能从其生命的整个历程中看出来。他们很难有合作的机会，这点跟普通人不大一样。他们一路坎坷，要面对重重困难。他们一开始经常面对身体的重大缺陷，因此，他们在生命伊始便命途多舛，但是经过顽强拼搏克服了重重障碍。我们尤其能注意到他们很早便找到了兴趣，并刻苦训练。因此，他们的理智受到了磨炼，能够思考并理解世界上的各种问题。从这种早期的训练我们可以推断，他们的成就和天分是他们自己创造出来的，而不是遗传或上苍的赐予。他们的奋斗也使得我们得以分享其成果。

早期的奋斗是以后成功的坚实基础。设想一下，把一个三四岁的小丫头单独留下，她开始为自己的洋娃娃缝一顶帽子。当我们看见她干活时，告诉她缝的帽子漂亮极了，并且告诉她怎样做可以更好看。这个小丫头就会受到激励，她会加倍努力，并提高技术。但是如果我们说："把针放下！你会扎到自己。你根本用不着自己缝帽子。我们出去买一顶更好看的吧。"听了这话，她就会放弃努力。如果日后我们对比一下这两个小女孩，就会发现第一个女孩有艺术品位，并且对工作充满热情。第二个女孩则不知道自己会干什么，她认为永远可以买到更好的东西，而自己动手什么都做不好。

如果在家庭生活中过分强调金钱的价值，孩子们会以金钱的多少来看职业问题。这是一种很大的错误，因为这种孩子所遵循的不是服务社会的兴趣。当然每个人都应该有自己的生活，我们也发现，忽略了这一点的人会成为别人的负担。但是，只对赚钱有兴趣的孩子必定会和合作的坦途背道而驰，从而变得自私自利。

假设"赚钱"是他的唯一目标，而他又缺乏社会兴趣，那么他为了获得钱财，就没有理由拒绝抢劫或诈欺。即使情况不这么极端，他赚钱的目标中还包含一点社会兴趣，他可能会腰缠万贯，但是他的行为对别人仍然毫无益处。在我们这个纷繁复杂的时代，只要顺势而为、见机行事就能变得富有。有时，在某个时段，甚至一些邪门歪道似乎也可以取得成功。对此，我们不必感到惊讶。虽然我们绝不敢说，守正不阿的人一定会马到成功，但是我们却敢断言，他能做到正气长存、一身傲骨。

职业有时候可以用来作为逃避爱情和社会问题的理由。在社会生活中，经常有许多人以工作太忙为借口来逃避爱情和婚姻问题。有时候，我们会发现它被当作失败的挡箭牌。一个狂热地献身于事业的男人，可能会想："我可没闲工夫考虑婚姻，因此不幸福也不是我的责任。"尤其对于神经病人来说，他们竭力要逃避的就是爱情和社会这两个问题。他们不是回避异性，就是用错误的手段接触异性。他们没有朋友，而且对别人也不感兴趣。他们只是夜以继日地忙着工作，简直就是朝思暮想。他们始终处于紧张的状态中，紧接着就出现了神经紧张症状。如果胃疼之类的神经症状出现了，他们便把胃病作为推辞爱情和社会问题的借口。在别的情况下，他总是喜欢换工作，他总认为能够找到更适合自己的职业。他们游移不定，最终一事无成。

如何帮助问题儿童

对于问题儿童，我们应该做的第一步就是找出他们的主要兴趣。利用这一点鼓励他们全面发展是比较容易的。对于那些找不到工作的年轻人，或者职场失意的老年人，则应该找出他们真正感兴趣的事情，一面利用它引导他们更好的理解职业，一面帮他们寻找就业机会。这并不是很容易的事。在我们的时代，失业问题是值得警惕的。

在一个人人通力合作的时代，这种现象是不应该存在的。因此，我相信每一个了解合作重要性的人都希望看见“人得其事，事得其材”。我们可以用增设职业学校、技术学校和成人教育等方法来朝这个目标前进。有许多失业者都是身无所长的人，有些人也许不学无术或者对社会生活麻木不仁，这是人类的一个重担。这些人觉得自己居人之后，处境不利。因此，我们就不难理解为什么罪犯、神经病人和自杀者大多数是没有知识和技能的人了。由于他们的缺乏训练，他们总是落在别人后面。父母、教师以及所有对人类未来的进步和发展感兴趣的人都应该努力让孩子们接受更好的训练，不至于他们成年后，无法在劳动分工中找到自己的位置。

第十一章　人与同伴

加强合作

互相交往是人类历史上最悠久的活动，正是对同类的兴趣促使了人类不断进步。在家庭中，对他人的兴趣是维系家庭最基本的因素。据我们所知，在最早的人类中，这种倾向促使人类形成了以家庭为主的群居生活。原始部落用共同的符号把各个成员团结起来，使用这些符号的目的就是让他们能够团结协作。最简单的原始宗教是图腾崇拜。某个部落可能崇拜蜥蜴，另一个可能崇拜水牛或蛇。崇拜同样图腾的人会住在一起，彼此互相合作，而且情同手足。这些原始风俗是人类深化合作的一个巨大进步。在原始宗教的祭祀日，每一个崇拜蜥蜴的人都会和同伴聚集在一起，讨论农作物的收获问题，以及如何保护自己，以免受洪水猛兽的侵害。这就是祭祀的意义。

婚姻通常都被认为是一件涉及集体利益的事情。所有图腾崇拜相同的成员都必须遵守部落的规定，在自己的部落外找寻配偶。我们应该认识到婚姻并不是私事，而是全体成员热心参与的共同事务。结婚后，双方必然会有责任，因为这是一项社会任务。整个社会都希望孩子身体健康，并且具备合作精神。因此，婚姻中的每个人都要乐于合作。原始社会用图腾崇拜和复杂的制度来控制婚姻。在今天看来，也许可笑至极。但是，在当时却是极其重要的。其实，它们的真正目的在于加强人类之间的合作。

宗教中最重要的教诲之一是“爱你的邻居”。在此，我们又看到另一种形式，其目的也是增强人类之间的兴趣。有趣的是，即使从科学的立场我们也能够认识到这种目标的价值。被宠坏的孩子会问我们：“为什么要爱我的邻居？他们爱我吗？”这句话体现出他缺乏合作训练，并且自私自利。对别人冷漠无情的人，在生活中会遇到最大的麻烦，也最可能做出损人利己的事。人类中的所有失败者，都是从这群人中发展而来的。各种宗教和信仰都以自己的方式促进合作。依我看来，任何人只要是以合作为最终目的，我便完全赞同他。争斗、批评和贬低对方都是不必要的。我们还不知道什么是绝对真理，而且，也有许多不同的方式可以达到合作的目的。

我们知道有许多种政治制度都是可行的。但是，其中如果缺少了合作精神，那不管是谁执政都将一事无成。每位政治家都必须把人类进步作为最高追求，而人类的进步则意味着更高程度的合作。我们经常难以判断哪位政治家或哪个政党能够真正领导人民取得进步，因为每个人都是以自己的生活经验来判断的。但是，如果一个政党能使其党内成员关系融洽，我们对于它的活动就没有异议。

同样，在国家动向上，如果当权阶级的目标是在把儿童培育成良好的公民，并增强人们的社会情感，让人们尊重自己的传统，热爱自己的国家，有权按照理想制定或修订法律，那么我们就赞成它的纲领。同样，班级活动也是群体活动和集体合作。如果它的目标也是人类进步，我们就不应该对此抱有偏见。因此，所有的活动都只应以能否加强相互情感作为其判断价值。我们会发现促进合作的方法不可胜数。这些方法或许有高下之分，但是，只要能够增进合作，即使不是最好的办法，也大可不必一路穷追猛打，置之死地而后快。

我们所反对的是只讲索取，自私自利的人生观。这对个人的进步和团体的发展来说，都是最大的障碍。只有关爱同伴，我们的各种能力才能得到发展。说、读、写能力的前提是跟别人沟通。语言本身就是人类共同创作的，也是社会兴趣的产品。理解能力也是公共的，不是私人的专属品。理解以人类的常识为基础，让我们彼此心有灵犀，并促进了人类之间的沟通和交流。

有些人对个人利益和自我优越感趋之若鹜。这是因为，他们赋予了生活一种私人意义，认为生活是为他们所独享的。这不能称之为理解，但是，这种看法确实独树一帜。我们发现这种人无法和其他人联系起来。当看到只关注自我的人时，我们经常会发现他脸上有一种羞愧或茫然的表情。在罪犯或疯子的脸上，我们也会看到同样的表情。他们不用眼神来跟别人交流，因为他们的思维方式很怪异。有时候，这种儿童或成人甚至对他们的同伴也不屑一顾。他们会转移视线，打量别处。在许多神经功能病症中，都可以看到这种失败的交际。例如强迫性的脸红、口吃、阳痿、早泄等等，这些例子都揭示了当事人交际困难的现象，归根结底是由于对别人缺乏兴趣所造成的。

最严重的孤立可以使人发疯。如果能激发他们对别人的兴趣，即使疯狂的人也不是无药可救的。但是相比其他表现，这种病人更难接近，或许只有自杀者能与之相提并论。因此，这种案例的治疗方式是一种艺术，而且是一种高难度的艺术。我们必须赢得病人的合作，这一点只有耐心以及最仁慈、最友善的态度才能做到。以前，曾经有人哀求我尽力去治一个患有早发性痴呆症的女孩子。她患病已经八年了，最后这两年她是在一家精神病院度过的。她像狗一般狂叫，到处吐口水，撕扯自己的衣服，并且想要吞下自己的手帕。我们可以看出她对人类一点也不感兴趣。她想要扮演狗的动机，我们能了解一二。她觉得母亲把她像狗一般看待，她的行为或许是在说："我越看你们这帮人类，我越希望自己是一只狗。"我连续对她说了八天话，她却沉默不语。我继续和她说话，三十天后，她才开始以含糊不清的语言作答。我对她很友善，她因此受到了鼓励。

即使这一类病人受到鼓励，他也不知道怎样利用勇气。他对同伴也是非常排斥的。当他的勇气提升到某种程度，而他又不愿意进行合作时，我们能够推测出他的行为。他就像问题儿童一样，会做出种种恶作剧，打破任何能够拿到的东西，或攻击监护人。当我第二次和这个女孩子谈话时，她开始动手打我。我不得不考虑要如何应付。唯一能让她感到意外的就是放弃抵抗。你可以想象一下这个女孩——她长得并不强壮。我任凭她打我，友好地看着她。她完全没有料到，顿时敌意全消。她还是不知道把勇气放在哪里，于是把我的玻璃打破了，划伤了手。我并没有批评她，而是帮她包扎好了手。一般人遭到这种暴力侵害，会用错误的方式对待她——把她关在房间，锁起来。如果要挽救这个女孩，我们必须要另辟蹊径。期望疯子像正常人一样行动，是最大的错误。几乎每个人都会因为疯子的荒诞行为而怒火中烧。他们不吃不喝，或者撕扯自己的衣服等等。就让他们随心所欲吧，除此之外，我们别无他法了。

从此之后，这个女孩逐渐恢复了。一年过后，她没有复发。一天，我在去她待过的那家精神病院的路上碰到了她。“你在干什么呢？”她问我。“跟我来”，我回答说，“我要去你待过两年的那家精神病院。”我们一起进入了这家医院，我叫来了诊治过她的那名医生，当我给另一个病人诊治时，顺便请他跟这个女孩谈谈。当我回来的时候，那名医生怒气冲冲：“她十分健康”，他说道，“但是有一件事让我不舒服。她说一点也不喜欢我”。此后，我跟这个女孩断断续续地联系了十年，期间她一直很健康。她赚钱养活自己，与同伴们相处融洽，见过她的人都不相信她曾经是个疯子。

妄想症和抑郁症这两种病人跟正常人的差异最为显著。患有妄想症的病人指责所有人，认为他们沆瀣一气，预谋要陷害他。而患抑郁症的人会责怪自己，例如，他会说：“我毁了整个家庭。”或者：“我的钱都没了，我的孩子们会饿死的。”虽然这个人听上去是在责备自己，但是这只是表面现象，他真正埋怨的其实是别人。例如，一位声名显赫、事业成功的女士遇到一次意外，而不能参加社会活动了。她有三个女儿，都结婚成家了，因此她觉得非常孤独。同时，她又失去了丈夫。她以前受人恭维，现在她想要弥补失去的东西。她开始周游欧洲，可是，她始终找不回当初的感觉，于是，她得了抑郁症。她的朋友们开始疏远她。在这种情况下，抑郁症对这些人是一种巨大的考验。她给女儿们发电报让她们回来，可是每个人都找借口不回来看她。她回到家时，最常说的就是："我的女儿们都对我很好。"而事实是，女儿们谁也不管她，只雇了一个护士照料她。如今，她回到了家里，女儿们隔三岔五地来一趟。我们不能听她的字面意思，其实这些话是一种控诉。每个了解她情况的人都知道这是她的抱怨方式。抑郁症患者好像对别人怀有长期愤慨和不满，但是为了得到他人的关心、同情和支持，他只好自怨自艾。抑郁症患者的最早记忆是这样的："我记得自己想要躺在长椅上，但是我的哥哥在那躺着。我就大哭起来，他受不了，只得离开了。"

抑郁症患者可能以自杀作为报复的手段，因此医师首先要注意的事，就是避免给他们自杀的理由。我自己解除这种紧张的方法，也是治疗中的最重要的原则："不要做任何你不喜欢的事情。"这似乎是微不足道的小事。但是我认为它是整个病症的根源。如果抑郁症患者能够随心所欲地做喜欢的事，他还会埋怨谁？他为什么还要报复别人呢？"如果你想上戏院"，我告诉他，"或者想去度假，那么就去吧！如果你在路上发现你不想去了，那么你就回来。”

这对每个人来说都是最好的环境，足以满足他的优越感。他就像上帝一样可以为所欲为。从另一方面来说，这种情况并不能很好地适应他的生活方式。他想要的是独揽大权，可以对别人颐指气使。如果人们对他百依百顺，他就没有控制他人的必要了。这条原则让病人十分放松，我的病人们从未出现过自杀事件。当然，我们也应该知道，最好有人看护这种病人。不过，我的某些病人都没有受到这种特殊照顾。但是，只要有人在旁边看着，危险就不会发生。

一般，病人会回答：“可是我什么也不想干。”对这种回答我早有准备，因为我已经耳熟能详了，“那就避免那些讨厌的事”。我会这样告诉他。然而，有时候他会说：“我喜欢整天躺在床上。”我知道如果同意他躺着玩，他就会改变主意。我也明白如果阻止他，那么他一定会跟我大干一场。不过，我经常表示同意，因为这也是其中一条原则。

下面这种方法对他们生活方式的攻击更为直接，我会告诉他们：“如果你照着我的话做，你在两个礼拜内就会痊愈。每天你都要尝试着取悦别人！”请注意这件事对他们意味着什么。他们原先心里只有一个念头：“我要怎样才能使那个人烦恼？”这些回答都很有趣。有些人可能说：“对我来说，这是小菜一碟。我对这再熟悉不过了。”其实他们从来没有做这件事。我要求他们仔细考虑一下我说的话，但是他们却置若罔闻。于是，我告诉他们：“当你睡不着的时候，你可以利用这段时间去想怎样才能取悦别人。这样，你的健康一定会有很大的进步。”第二天，当我看到他们的时候，我问他们：“你有没有照我的话去做？”他们回答道：“我昨天刚一躺下就睡着了。”当然，这些都是在恭谦友好的氛围下进行的，不能摆出一副盛气凌人的架势。

其他人会回答：“我永远也做不到，我太烦了。”我告诉他们：“烦就烦吧，没什么关系。只要你能偶尔想想别人就行了！”我要把他们兴趣转移到别人身上。许多人会说：“我为什么要讨好别人？他们又不来讨好我！”“你要为你的健康着想”，我回答道，“他们早晚也会吃亏的”。我有一次遇到一个十分特殊的病人，他说：“我已经照你说的话想过了。”我挖空心思地增强病人的社会兴趣，因为我知道患上这种疾病的真正原因是缺乏合作，我想让他也看到这一点。只要他能站在平等合作的立场上，与同伴建立关系，他就痊愈了。

另外一种明显地缺乏社会兴趣的例子，是所谓的“过失犯罪”。例如，有一个人把点着的火柴扔在地上，引发了一场森林大火。又如，在最近的一起案件中，有个工人结束一天工作，回家时，把一条电缆横放在了马路上。结果一辆摩托车撞上了电缆，驾驶员摔死了。在这两起案子中，肇事者都不是有意的。对于这些灾难，他们似乎不必受道德的谴责。然而，他们不会替别人着想。他不知道要采取预防措施来保障他人的安全。比较常见的缺乏合作精神的更高级表现形式为：衣着邋遢的儿童，喜欢在人群中故意踩别人的脚尖，常常出现摔盘子砸碗的行为，或者把壁炉的装饰敲下来。

社交兴趣与社会平等

对同伴的兴趣是在学校和家庭中训练出来的。我们已经了解哪些情况可能会妨害孩子的发展。社会情感或许不是由遗传得来的本能，但是它的潜能则是由遗传得来的。这种潜能是由母亲的技巧和对孩子的兴趣，以及孩子本身对环境的判断发展而来的。如果他觉得别人居心叵测，而他自己四面楚歌又无路可退的话，他就不可能与人为善。如果他认为别人都是他的奴隶，那么他就不会服务他人，而是要统治他们。如果他只关注自身的感觉和舒适，他就会逃避社会。我们已经知道如何最容易让孩子感到平等并关爱他人。父母必须是一对好朋友，并与他人建立良好的友谊。

这样，他们的孩子才会觉得在家庭之外，也有值得信赖的人。我们也提过，在学校里，应该使孩子觉得自己既是班里的一分子，又是其他同学的朋友，并能够充分信任他们。家庭生活和学校生活只是整个生活的一部分。它们的目标是教导孩子成为良好的公民，成为全体人类平等的一分子。只有在这种情况下，他才能积蓄勇气，沉着冷静地处理问题，并积极探索解决的办法，来为人类谋幸福。

如果他爱好交际，并且工作积极、婚姻幸福，又有所贡献的话，那么他就不会觉得自己低人一等或者一无是处。他会觉得这个世界是个友善的地方，任何情况他都能处之泰然，他会遇见自己喜欢的人，应付困难时也能得心应手。他觉得："这个世界是我的地盘，我必须积极进取，不能畏缩不前。"他知道现在只是人类历史中的一瞬，他只是整个人类的一部分。同时他也感到想要有所建树，并对人类发展添砖加瓦，当前恰逢其时。在这个世界上仍然存在许多邪恶、困难、偏见和灾难。但是这个世界是我们的，其优点和缺点也属于我们。我们需要在劳动中改善环境。我们可以断定如果每个人行事正确、勇于担当，那么他就已经尽心尽力了。

勇于担当就是要以合作的方式，认真负责地解决生活中的三个问题。我们对于一个人的所有要求，以及我们能够给予的最高荣誉，就是他必须工作认真、与人为善，并对爱情忠贞不渝。一言以蔽之，他必须证明自己是一个好人。

第十二章　爱情和婚姻

爱情、合作与社会兴趣的重要性

在德国的某一个地区，人们用一种古老的风俗来检验一对恋人是否适合在一起生活。在结婚典礼开始之前，新郎和新娘先被带到一片空地上，那儿已经事先有一棵被砍倒的大树。他们要用一把两端都有把手的锯子，将这棵树的树干锯成两段。由这个测验，可以看出他们两人与对方合作的意愿有多高。如果他们互不信任，就会互为掣肘，而终将一事无成。如果他们中某个人想要搞一言堂，事事亲力亲为。即便另一个对他唯命是从，他们的工作也会事倍功半。他们两人都必须积极进取，必须齐心协力。这些德国农民认识到了合作是婚姻的前提条件。

如果有人问我，爱情和婚姻的意义是什么，我就会提出下面的定义，也许它并不完善：

“爱情和婚姻是对异性伴侣最无私的奉献，它通过外貌的吸引、坚定的感情和生儿育女的愿望来表达。很容易看出，爱情和婚姻是合作的一个方面——不仅是为了两个人的幸福，也是为了全人类的共同利益。”

爱情和婚姻是为人类利益而合作的观点，给这个问题的所有方面带来了启示。即使人人争先恐后的追求是因为对方身体的吸引力，那么这对于人类的发展也是至关重要的。我经常说人类由于身体上的局限，所以没有人能够这在地球上长生不老。因此维持人类生命的主要方法，就是要由我们提升生殖能力和吸引力来繁衍后代。

在当今的时代，我们发现在所有的爱情问题中，各种纷争层出不穷。新婚的夫妇面临着这些困难，父母关心着他们，甚至整个社会都卷入他们的难题之中。因此，如果要为这问题找出一个正确的结论，我们就必须完全抛弃所有偏见。我们必须忘记所学的东西，用来排除各种干扰，展开充分而自由的讨论。

我的意思并不是要大家把爱情和婚姻当作是一个完全独立的问题。个人无法用这种方式获得完全的自由。他不可能按照自己的思维模式解决自己的问题。人类是互相联系的，个人的发展是在这个框架下完成的，同样，个人追求也必须与之相符合。这三个纽带受一系列因素的控制。第一是我们位于宇宙的某一地点，我们的发展受到环境的制约。第二是我们生活在同类之间，我们必须相互适应。最后是人类有两种性别，因此人类的未来依赖于两性关系的和谐发展。

我们不难了解，如果一个人关心同伴和人类的幸福，他做每件事情时，都会先考虑到他人的利益。他解决爱情和婚姻问题的时候，也不会对别人的利益置之不顾。其实，他无需知道这么做的原由。你如果问他，可能连他自己都不能给出科学的描述。但是他却在不自觉地追求人类的幸福和进步。这种关切体现在他所有的活动中。

有许多人对于人类的幸福不太关心。在他们的人生中从来不问:“我能为人类做些什么？我要怎样才能融入整个集体呢？”他们只会问：“生活对我有什么用？它能给我什么好处？它能带给我什么？其他的人有没有替我着想，别人特别欣赏我吗？”如果一个人用这种态度对待生活，那么，他也会用这种方式来解决爱情和婚姻问题。他会不断地问：“它能带给我什么好处？”

爱情并不是像某些心理学家所认为的那样，是一种自然而然的事情。性是一种动力或者一种本能，但是爱情和婚姻，并不是如何满足性欲这么简单。无论从哪个角度来看，都会发现我们的欲望和本能都已经变得成熟，文明而高雅。我们能够控制自己的某些欲望和倾向。为了同伴，我们学会了不去惹人讨厌。我们也学会了怎样穿着，怎样修饰自己。我们的饮食也有各种礼仪，即便感到饥肠辘辘，我们也不会狼吞虎咽而不顾礼仪。我们的各种欲望已经适应了主流文化。它体现在我们为人类幸福和社会生活所做的各种贡献上。

如果我们对爱情和婚姻也持同样的观点，就会发现，它们与人类的利益密不可分。而人类的利益是最基本的。除非我们看到这个问题整体的一致性，并把人类利益看作一个有机整体，否则讨论这个问题，例如它的补救、改变或新的规定或者法律等，都是没有任何好处的。也许我们应该不断改进，或许人类可能会找到更完美的答案。但是，它们之所以更完美，是因为更全面地考虑了两性关系，以及社会生活的必要性。目前，我们的答案已经充分考虑了这些条件，这些真理永远能经得起考验。

当使用这种方法时，我们首先就会发现，这是属于两个人的任务。对很多人来说，这是一次全新的经历，因为我们经常教孩子们单打独斗，或者进行团队合作。但是，他们几乎没有两两合作的经历。这些新情况就造成了新的困难。如果两人都对同伴感兴趣，这个问题就比较容易解决。因为，他们很容易对彼此产生兴趣。

甚至可以说，促使两个人合作的完美解决办法来自相互之间的关爱，这种兴趣要胜过关心自己。这就是爱情、婚姻成功的基础。由此，我们可以看出，主张改革婚姻的意见是多么荒谬。如果彼此关注对方胜过关心自己，他们的地位就会平等。如果他们都真心付出，谁也不会在婚姻中感到压抑或者轻视。只有双方都持有这种态度，才能谈得上平等。彼此应该致力于给对方轻松和幸福的生活。这样，两人都会有安全感，每个人都活得有价值、有意义。在这种关系中，我们发现了婚姻最基本的保障，以及幸福最基本的含义。那是一种感觉，让你觉得自己价值非凡、独一无二，配偶也离不开你，而且你各方面表现良好，是一个好同志、好伙伴。

在互相合作的关系中，夫妻双方都不会接受不平等的地位。如果其中一方想唯我独尊，压制对方，他们的生活就不会有丰硕的成果。事实上，当今很多男人，包括女人都认为男人处于领导地位，他是一家之主，就该发号施令。这就导致了很多不幸的婚姻。没人甘心忍受地位低下的生活。同伴们必须互相平等，只有这样，人们才能找到解决问题的办法。例如，在生儿育女上，他们要达成一致。他们明白，不要孩子是他们对人类未来做出的共同承诺。他们要在教育问题上保持一致，问题出现时，他们就要想办法解决。因为他们知道家庭不幸福的儿童经常受到惩罚，而且无法健康成长。

婚前准备

当今社会，人们对合作准备不足。我们的教育过于强调个人的成功，只强调索取，很少讲奉献。不难理解，就像夫妻一样亲密无间的两个人，如果缺乏合作，对他人毫不关心，就会遭遇严重的问题。大多数人第一次面对这种关系，还不习惯体谅另一个人的兴趣、目标、要求、愿望和志向。他们对于共同的任务还没有准备。因此，不必对生活中的错误感到诧异。但是，我们可以以此为鉴，避免类似的错误。

没有经验就无法解决成年后的危机。人的反应总是与生活方式保持一致。婚姻的准备不是一夜完成的。在儿童的动作特征、态度、思想和行为中，可以看出他是否为成年生活做好了准备。他感情的表达方式在五六岁时就已经成型了。

儿童时期便能看出他们对爱情和婚姻的看法，但是，不能认为他们能显示出成年意义的性刺激。他正对性别形成一种社会印象，而爱情和婚姻是其中的构成要素。这种印象成为他日后观念的一部分。因此，他必须正确理解它们，并由此形成某种态度。当儿童表现出对异性感兴趣或者选择自己喜欢的伙伴时，不能把这看作是一个错误、烦恼或者早熟，甚至都不应该嘲讽或笑话他。我们应该把这看成是为恋爱和结婚而做的准备。对此，不要大惊小怪，而应该让孩子认识到这一件伟大的事情，它关乎整个人类的利益，而应该对此积极准备。这样，就可以把理想根植于孩子头脑中。日后，他们便能处事不乱、乐于奉献，成为好伙伴、好同志。他们的父母可能并不谐和，可是当看到孩子们发自内心、全心全意地拥护一夫一妻制时，他们一定会反省自己。

我并不赞成父母过早对子女解释性关系，或者给孩子过分阐述。孩子对于婚姻的看法才是最重要的。如果教育不当，孩子可能会觉得它很危险，或者自己无法处理。据我所知，在四到六岁过早接触成人关系的儿童，以及性早熟的孩子，都对未来的爱情充满恐惧。

身体吸引力对他们也意味着危险。因为，在正确理解两性关系的过程中，几乎不容犯错。如果等孩子稍大一些再接触这些事情，他就不会闻之色变了。帮助他们的关键就在于对孩子实话实说，不回避他的问题，理解其问题的动机，以及懂得什么时候谈话应适可而止等。强迫性的和不必要的信息都能造成巨大的精神伤害。在这个生活问题上，跟别的方面一样，应该让孩子们对感兴趣的东西独立自主地学习。如果孩子与父母互相信任，孩子就不会受到伤害。他想知道的时候总会问的。一般来说，人们都有一种迷信的看法，孩子们容易受到同伴的蛊惑。而我见过的例子都是有利而无害的。孩子们并不会盲目听信伙伴所有的话，多数情况下，他们很有批判精神。如果他们不确定事情的真伪，便会寻求父母或者姊妹的意见。必须承认，在处理这些问题方面，我发现孩子们比年长的人更细心，更机智。

甚至成年时期身体的吸引力也是儿童时期训练的结果。儿童关于同情和魅力的印象，以及他密切接触的异性的印象，这些都是身体吸引力的最初形态。当一个男孩从女性家庭成员中得到某些印象后，他心仪对象的选择便受到了她们的影响。

有时候，他可能会受到艺术创造的影响。每个人都会以这种方式被完美的个人理想所吸引。此后，个人就失去了随意选择的权利，只会沿着这个学习方向前进。这种对于美的追求并不是毫无意义的。因为，我们的审美意识基于健康的感觉和人类的进步。人类的功能和才华都是沿着这个方向拓展的。在这一点上，我们当然无法逃避。众所周知，只有那些流芳百世的人物，那些为了人类利益及其未来艰苦奋斗的人，才是最美的。这种美让我们心驰神往。应该让他们成为孩子们效仿的榜样。

有时候，小男孩可能会跟母亲吵架，或者小女孩可能会跟父亲耍脾气（尤其在合作不紧密的家庭中经常发生），他们就是想跟家长作对。如果母亲经常打骂这个小男孩，虽然他很瘦弱，但是又不想被别人压制，那他只会对那些性格温柔的女孩感兴趣。他很容易犯错，因为他会寻找自己能压服的对象。然而，不平等的婚姻是不会幸福的。有时他想证明自己很强大，他也许会挑选一个看上去很强壮的女人，可能是因为喜欢武力，也可能是想通过她来展示自己的力量。如果与母亲矛盾非常严重，他的爱情和婚姻可能会受阻，还可能会对异性的身体吸引力丧失兴趣。这种障碍的程度有深有浅，他可能会完全拒绝异性，可能会成为变态。只有父母婚姻幸福，我们才可能顺利成长。

儿童关于婚姻的最早印象是从父母的生活中感悟到的。所以，大部分生活的失败者来自婚姻破裂和不幸的家庭，这也不足为奇。如果父母自身都不会合作，就无法教育孩子们进行合作。我们可以通过了解某人的家庭教育，以及他对家人的态度来推测他是否适合结婚。重要的是他对爱情和婚姻的准备来自何处。这一点值得注意，要知道个人不是由环境决定的，而是取决于他对环境的判断。他的判断可能是很有用的，他可能在父母家过得很悲惨，但是这会反而刺激他营造自己和谐的家庭生活。他可能会为婚姻积极准备，我们不能把家庭不幸作为判断标准或者将他拒之门外。

婚后合作

最差的情况就是自私自利。如果有这种倾向，这个人就体会不到生活的乐趣和激情。他只想要自由和宽慰，却从不考虑如何给配偶安逸和幸福。这种想法是灾难性的，就像从马的屁股上开始给它套颈圈。然而，这只是方法上的错误，并不是罪过。面对爱情，我们不能畏缩不前或者推脱责任。犹豫不决或缺乏信心都不能赢得稳固的爱情。合作需要天长地久的决心，只有那些至死不渝、海枯石烂的婚姻才能奉为爱情和婚姻的典范。在这种坚定的信念中，包含了孕育生命、抚养孩子，并尽力教导子女成为正直善良、平等待人、勇于担当的人。美满的婚姻是培养后代的最佳方式，而婚姻就应该包含上述观点。婚姻是一种任务，有自己的规律和法则。我们不能只选其一种，而让其他问题顺其自然。因为这会违背合作的规律。

如果把自己的责任限定在五年之内或者认为婚姻就是一场严峻的考验，就不会全心付出。如果男人或者女人反复这样考虑，他们就不会为婚姻全力以赴。在生命的重大任务中，我们都不会这样“临阵脱逃”。同样，我们不能在爱情中受到过分限制。

那些热心的人建议婚姻绝对自由，这是完全错误的。这样的做法只能让即将进入婚姻殿堂的人望而却步，也会使他们产生投机取巧、敷衍塞责的想法。社会生活中存在诸多困难，即使有人态度很积极，仍然不能顺利结婚。但是，我并不建议牺牲爱情和婚姻，而应该解决生活中的其他问题。大家都了解爱情的特征——忠诚可靠、全心全意、无私奉献等等，如果一个人认为三心二意是稀松平常的，他就不适合结婚。如果两个人都想要自由，那么他们也没有真正的爱情，因为这不是爱情。在爱情中，我们并不是完全自由的，我们有合作的义务。

让我举一个例子来说明私人协议只能给双方带来伤害，而不会促进婚姻或人类的幸福。

我记得有一对夫妇，他们都是再婚。他们很有修养，聪明睿智，彼此都希望新的婚姻能更幸福。但是，他们认识不到第一次婚姻是怎样破裂的。两个人都认识不到自身缺乏社会兴趣，因而盲目乐观。他们自我标榜是自由的思想家，想过一种轻松的婚后生活，而不想被对方烦扰。因此，他们约定两人在生活中随心所欲，无拘无束，但是无论发生任何事情，必须信任对方。在这点上，这位丈夫显得更放荡不羁。每次回到家，他就会告诉妻子自己的同性性行为。妻子对此也饶有兴趣，并对丈夫的行为感到十分骄傲。她也很愿意与其他男人调情或者开始一段婚外情，但是她在迈出第一步之前就患上了广场恐惧症。她不敢独自外出，这种病症使她只得待在家里。只要她一迈出房门，就感到惊恐万分，不得不退回来。广场恐惧症使她维护着她的决定，但其意义不止于此。最后，由于她不能单独外出，她的丈夫也只好陪在她身边。由此，可以看出婚姻的自我规律怎样击溃了他们的决定。这位丈夫不再是一个自由的思想家了，因为他必须陪在妻子身边。而妻子也毫无自由可言，因为她不敢独自外出。如果这位女士痊愈的话，她会更透彻地理解婚姻，其丈夫也会把它看成一种合作关系。

其他错误在婚姻伊始就已经出现了。被宠坏的孩子会在自己的婚姻中觉得受到了冷落，这是因为他没有学会适应社会生活。他们可能在婚姻生活中独断专行，而其配偶会觉得受到了欺凌和禁锢，于是就开始反抗。当两个同样被宠坏的孩子结婚后，观察一下他们之间会发生什么，那一定会非常有趣。他们俩肯定会声称自己全心全意付出，而对方却满腹牢骚。下一步就是想办法逃避责任。其中一人为了得到更多的关爱，不惜与他人打情骂俏。

还有一些人感情不专一，他们只会同时爱上两个人。只有这样，他们才会感到自由。因为他们可以在两者之间自由切换，不用对爱情负责。两个都爱就意味着谁也不管。

另外的人会想象出富有浪漫主义色彩的完美爱情。这样，他们就沉浸在梦想中来逃避现实。理想的爱情可以用来逃避现实，因为没有人能够达到这个标准。很多男人，尤其是女人，由于个人观念的错误，会对自身的性别角色充满抵触。如果不予治疗，她们的身心都不能顺利履行婚姻的职责。这就是我说过的“男性倾慕”，这是因为我们过于重视男性造成的。如果孩子们对自己的性别产生怀疑，他们就会感到不安全。只要人们认为男性地位较高，不管男孩还是女孩都会羡慕男性的角色。他们会怀疑自己的执行力，过于强调男性气质，因而会对各种考验唯恐避之不及。在社会中，对自己的性别不满是普遍现象，可以说女人的性冷淡和男人的精神性阳痿中都有它的身影。处于这种情况下的男女，对于爱情、婚姻和自己的定位都会有所抵触。如果我们不真心认为男女平等，就不可能避免失败。只要它能引起任何一方心生不满，两人就无法获得婚姻上的成功。补救的办法就是普及平等思想，别让孩子对自己的未来角色模棱两可。

我认为对爱情和婚姻负责的最好办法，就是不要婚前发生性关系。我发现大多数男人私下里并不喜欢对方婚前主动献身。有时候，他们认为这是放荡的表现，因此会感到十分震惊。况且，在我们的文化中，婚前就保持亲密关系会对女孩产生很大的压力。如果是因为害怕而不是出于勇气而结婚，这就犯了很大的错误。勇气是合作的一部分，出于恐惧而结婚就表明他们不是真想合作。选择酒鬼、地位卑微或学历很低的人做伴侣，也属于这种情况。他们害怕爱情和婚姻，而想让配偶仰慕他。

友情是婚姻的保证

友谊是一种培养社会兴趣的方法。在友谊中，我们可以学到设身处地为别人着想。如果一个孩子经常受挫，或者家长管教过严，又比方说，他受到孤立，没有亲朋好友的话，他就不能与他人产生共鸣。因此，他凡事就会唯我独尊、自私自利。友谊的训练也是为结婚而做的准备。如果把游戏看作是一种合作，将是很有益的。可惜的是。儿童游戏中更多的是相互竞争和争强好胜。让两个孩子共同奋斗，共同学习，创造这样的条件有很多好处。

我们不应该忽视舞蹈的作用。在舞蹈中，两个人会共同完成一项任务，因此让孩子学习跳舞是非常好的做法。我指的并不是严格意义上今天的舞蹈，它们成了一种表演，而不是一项共同的任务。如果我们教给孩子们简单易学的舞蹈，肯定会极大地促进他们的成长。

在婚姻的准备阶段，另一个给我们启示的就是职业问题。今天这个问题被放在了爱情和婚姻之前。一方或者双方必须要有份工作，这样他们才能养家糊口，因此工作也是婚姻的基本保障。

在与异性接触的过程中，我们可以很容易看出勇气的大小和合作能力的高低。在追求异性的过程中，每个人都有自己独特的方式、步骤及其特质，这些也与他们的生活方式一致。在其爱情特质中，我们能够看出他是否对人类未来持肯定态度，是否自信，又是否具有合作精神，或者孤芳自赏、胆小怯场，并且用这个问题折磨自己："我演的是哪一出？他们怎么想我？"男人在追求异性中可能会小心翼翼，也可能会急躁冒进，不管怎样，他的爱情特质与自己的生活目标是一致的，并且也是它唯一的表达方式。我们不能以某人的求婚方式判断他是否合适结婚。因为这个目标太直接了，也许他在其他方面优柔寡断。尽管如此，我们还是能够抓住他人格的某些迹象。

在当下的文化中（只有在这些条件下），我们通常认为男人应该大胆求爱，勇敢地迈出第一步。只要这种文化存在，培养男孩子的男子汉气概就是必要的，主动出击、不能犹豫或者逃避。只要他们有社会归属感，并愿意接受考验，他们就是可塑之才。当然，也有女孩主动求爱的。但是，在主流社会中，她们必须矜持，她们的求爱表现在其举手投足中，包括她的穿着打扮、言谈举止和脉脉含情的眼神等。男人的方式比较简单直接，而女孩子则比较含蓄温婉。

我们可以再做进一步的讨论了。对于配偶的性的吸引力是绝对必要的，但是它却应当依照人类的幸福来加以改造。如果配偶真正对彼此感兴趣，他们便不会遭遇到性的吸引力消失无踪的困难，这种消失总是意味着兴趣的缺乏，它表明这个人不再感到与对象是平等、友好的合作关系了，也不再想给对方幸福了。有时候，人们觉得兴趣犹在，但感觉已逝。这种说法并不靠谱，或许口是心非，或许是愚昧无知。但是身体的功能是不会说谎的。如果丧失了某些功能，就证明两个人之间没有达成真正的一致。他们对彼此都失去了兴趣。至少其中一人不想履行婚姻的义务了，而要回避这个问题。

从某种程度上看，人类的性欲不同于其他物种。人类的性欲是持久的，这样就保证了人类幸福的持续性。人类通过这种方式不断繁衍生息，逐渐变得人丁兴旺、数量繁多，这就保证了人类的幸福和生存。而其他生物是靠别的方式延续生命的。例如，很多雌性动物会产下数量惊人的卵，但是大部分后代却无法发育成熟。很多会遇到意外或者被毁灭，但是总有一些存活下来。人类生存的方法也是繁衍后代。因此，你会发现那些自觉关心人类幸福的人是最可能生儿育女的。而那些对人类毫不关心的人，不管是有意还是无意的，会拒绝生育的负担。如果他们只知道索取，不讲奉献，自然不会喜欢孩子。他们只关心自己，视孩子为行尸走肉，只会打扰他们顾影自怜。因此，可以说繁育后代的决定是解决婚姻问题的必然要求。我们应该牢记，美满的婚姻是创造人类美好未来的最好方法。

一夫一妻，艰苦与现实

实际生活中解决爱情和婚姻问题的最好办法就是一夫一妻制。真心付出、情深意切是婚姻的内在要求，任何人都不能动摇这个基础或者想到逃避。但是婚姻总会有破裂的可能，不幸的是，我们并不能阻止它的发生。但是，只要把它当作一项必须完成的社会任务就很容易避免了。然后，我们就千方百计地来解决这个问题。

婚姻之所以会破裂，是因为双方没有全力以赴。他们不去创造美好的婚后生活，只等着得到一些东西。此种做法，怎么能不失败？把婚姻当作天堂，纯属异想天开；把它当作浪漫的终点，无异于引火烧身。两人的关系始于婚姻，他们婚后才会面对真正的生活和服务社会的机会。还有另一种观点，认为结婚就是目的，这是终极目标，这在我们社会是一种很普遍的看法。大家对这种现象司空见惯，比如，在很多小说里，作者让一个男人和一个女人结婚了，其实他们的生活才刚刚开始。但是好像婚姻可以圆满解决一切事情，他们仿佛已经完成了任务。

另一种重要的观点就是婚姻本身不能解决任何问题。爱情的类型五花八门，但是婚姻的问题只能依靠工作、兴趣和合作才能解决。在婚姻中并没有什么奇迹。每个人对婚姻的态度就是他生活方式的一种体现。我们只有全面了解某个人，才能了解这个问题。他的态度与他的追求和目标是一致的。我们可以看出这么多人总是推卸责任的原因，其实并不复杂。我可以一针见血地指出：这些人仍然是被宠坏的孩子！这是一种危险的生活方式，这些成年的娇娃仍然保持着四五岁的生活方式和认知模式："我能得到所有的东西吗？”如果他们不能梦想成真，他们就觉得活着没有任何意义。“如果不能称心如意，活着有什么意思呢？”他们就会变得悲观，会想到“死亡”。这样，他们会得病或者患上神经功能症，并且从自己的生活方式中得出一套原则：他们的观念是独一无二、至高无上的，要压抑自己的欲望那可真是天理不容。因为，他们的经历便是如此。如果他们得到了一时的满足，其中有些人就会觉得假如再继续胡搅蛮缠，拒不合作的话，他们就会得到更多。他们不关心和谐的生活，只关心自己的利益。因此，他们不想费心劳神，也不想付出，只想满足自己的全部要求。至于婚姻，他们想要的是试验和回报，即一种同居关系：试婚随意、离婚方便。他们渴望自由和放纵的生活。如果一个人真正对另一个人感兴趣，他一定会有所表现。他必须真心实意、认真负责、忠贞不渝、诚实可靠。至少，那些没有在爱情和婚姻方面取得成功的人，应该看到自己生活中的错误。

如果婚姻是以不同的观点为基础的，那么孩子的利益也是必须要关注的。这是因为孩子的教育也非一帆风顺。如果夫妻吵架频繁，而把婚姻视为儿戏，如果他们不认为问题可以解决，婚姻可以继续的话，那么孩子就不会变得乐于社交。

也许有足够的理由让夫妻分道扬镳或天各一方。这是谁决定的呢？难道交给那些素质低劣，对婚姻一无所知，只知道自私自利的人吗？他们对离婚和结婚持相同的观点："我能得到什么？"这些人明显不合格。你会发现很多人离婚又再婚，如此反复，重复着同样的错误。那么谁来决定呢？如果婚姻出了问题，也许应该由精神科医生来决定是否应该离婚。不过，这也会出现问题。我不知道美国是否情况也这样，但是欧洲的精神病医生最重视个人的利益。因此，遇到这种情况，他会建议找个情人来解决这个问题。不过，我认为他们会马上改变想法，因为这是个馊主意。除非他们知道这个问题的来龙去脉，并了解这种情况是极其复杂的。否则，不会提出这么一种方案。正因为它与其他问题互相关联，我才会提出一些建议仅供参考。

如果认为结婚可以解决个人问题，那就大错特错了。在此，我不了解美国，但是在欧洲，如果男孩或者女孩得了神经功能症，精神病医生经常会建议他们找个情人发生关系。对于成年人，也是一样。这就把爱情和婚姻仅仅当成了专利药物，这些病人一定会失去更多。这个问题的解决方法表现出的是人格的最高境界。没有任何别的问题与幸福的联系更紧密，它是生活的真实体现。我们不能视之为琐事，也不能把它当作矫治罪犯、酗酒、和神经病患的良方。神经病患结婚之前必须先用正确的治疗方法。如果治愈之前已经结婚了，他必定会遇到新的危险和不幸。婚姻是很高的理想，且这项任务并不轻松，我们必须全力以赴，富于创造，而多余的负担会让我们力不从心。

如果因为别的因素，婚姻也可能会误入歧途。一些人只为了金钱而结婚，也有的是因为同情，或许是因为想要别人伺候，这些理由未免太可笑了。我甚至知道一些人结婚后反而增加了自己的困难。一个年轻人可能会在考试或工作方面遇到困难。他觉得自己很可能会失败，如果失败了，他希望能原谅自己。那么，他就会把结婚当作一个借口。

我们不应该贬低或者轻视这个问题，而应该更加重视才对。不负责任，女人才是真正的受害者。毫无疑问，男人在这个世界上活得更轻松。我们的做法是错误的，但是个人的反抗于事无补。尤其是在婚姻中，个人的抗议会扰乱社会关系，并打击对方的热情。只有改变整个社会的态度，才能解决这个问题。瑞丝教授是我的学生，她做了一项调查，结果发现42%的女孩希望自己是男孩。这就意味着她们对自己的性别不满意。当几乎一半女人既对自己的性别悲观失望，又对男性的优势地位愤懑不平，而男性就能能轻而易举解地决婚姻问题吗？如果大家都认为女人低人一等，就连女性也只觉得自己是男人发泄的工具，或者她们认为身为男性就有权三妻四妾、拈花惹草的话，这个问题会轻松解决吗？

综上所述，我们可以得出一个有目共睹又简单实用的结论。

人类婚姻不仅仅是一夫多妻制还是一夫一妻制的问题。事实是，地球上的人类有两种性别，需要彼此互相联系，平等相处。我们周围的环境纷繁复杂，我们必须理出头绪，解决生活中的这三个问题。这个事实会让我们在爱情中看到人格发展的最高境界，并且让我们明白，婚姻最坚强的保障就是一夫一妻制。